실은 나도 식물이
알고 싶었어

Woher wissen Wurzeln, wo unten ist?
Wissenswertes und Kurioses rund um den Garten.

Written by Andreas Barlage

실은 나도 식물이 알고 싶었어

정원과 화분을 가꾸는 우리가 꼭 알아야 할 식물 이야기

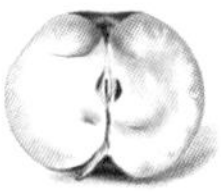

식물들은 서로 소통할 수 있을까?

화분에서 키우기 가장 적합한 식물은 뭘까?

다른 식물들을 죽이는 식물이 존재할까?

실내용 식물을 어두운 구석에 둬도 될까?

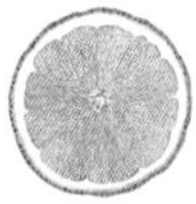

식물의 꽃과 잎에서는 왜 향기가 날까?

고목나무에서는 무슨 일이 일어날까?

덩굴식물은 어떻게 지지물을 발견할까?

식물이 건강한지 그렇지 않은지 어떻게 알까?

사과나무가 열매를 맺지 않는 것은 무슨 까닭일까?

안드레아스 바를라게 지음　　류동수 옮김

애플북스

* 책에 실린 모든 그림의 출처는 슈투트가르트의 뷔르템베르크 주립도서관 소장 도서입니다. 그림 사용 허가에 대한 감사의 뜻을 표합니다.
* 식물의 학명은 산림청에서 제공하는 국가표준식물목록에 등록된 학명을 우선으로 하였습니다.

프롤로그

모든 참된 사랑의 시초에는 매혹이라는 것이 작동하는 법이다. 하지만 그 매혹이 그대로 죽 지속되는 경우는 드물다. 사랑하는 이는 자기 사랑의 목표를 더 정확히 알려고 한다. 이는 우리가 맺는 모든 관계에서 욕망하는 바다. 인간을 좋아할 것인가, 반려동물을 좋아할 것인가, 아니면 정원과 그 속에 있는 온갖 특색을 지닌 녹색 식물들을 좋아할 것인가. 이건 우리 욕망의 문제다.

우리가 선택한 (또는 우리에게로 다가온) 사랑의 대상에 대해 더 많이 알수록 그 대상은 더 짜릿한 존재가 된다. 하지만 대상이 우리 인간인 경우는 그렇게 상대를 알아가다 보면 오히려 매력이 어느 정도 없어지는 편이다. 그건 인정한다. 하지만 특징과 성격을 아는 것이 아주 깊은 연대감으로 이어질 수도 있어서 타인을 100퍼센트 안다고 말할 수 있을 정도가 되기도 한다.

오래도록 행복한 결속관계를 보장해주는 이 비방(祕方)은 정원과 식물에도 적용할 수 있다. 나로서는 믿을 수 없을 정도로 많은 발견이 쏟아져서 경이감에서 벗어날 수 없을 지경이다.

이 매혹은 줄어들 줄 모른다. 아니, 오히려 그 반대다. 여기저기에 존재하는 모든 것이 다 특별한 존재로 보인다. 식물이나 동물 또는 자연계의 협동작용을 알면 알수록 이 상호작용이 얼마나 정교하고 다양한가 하는 생각이 든다. 나의 경우, 모든 새로운 생각은 온갖 일을 복잡하게 만드는 쪽으로 가는 게 아니라, 정원에서 각각의 정해진 때에 이런저런 일을 왜 하지 않으면 안 되는지 보다 명확하게 이해하게 해준다. 또 이파리든 꽃이든 곤충이든 아니면 거름더미든, 눈에 띄는 모든 것을 더 소중히 여겨 정성을 기울이게 한다.

토어베케 출판사 직원들의 부추김과 인내 덕분에, 나도 궁금해하고 경이롭게 생각했던 식물에 대한 지식과 기본적인 정원 관련 지식을 이 책에 간결하게 정리해보았다. 자료를 뒤적거리며 조사하는 일이 이렇게 큰 기쁨을 안겨준 것도 흔치 않았다. 각 주제는 묻고 답하는 형식을 취하고 있는데, 내가 다소 임의로 선별한 것이라 결코 완벽하지 않으며 나중에 마음껏 확장해도 된다.

이 책을 본 뒤 뭔가에 호기심을 느껴 식물과 정원 관련 연구에 한번 제대로 몰두해보겠다는 마음이 생길지 아무도 모를 일이다. 단언컨대 여러분은 나와 비슷한 길을 걸어 식물, 정원 그리고 자연에 대한 매혹을 다시는 떨쳐내지 못하리라!

안드레아스 바를라게

차 례

CHAPTER 1

식물의 특성

CHAPTER 2

환경이 미치는 영향

CHAPTER 3

다양한 식물들

CHAPTER 4

식물과 정원의 사소한 진실

CHAPTER 5

정원에서 일어나는 일들

CHAPTER 6

식물을 보살피는 올바른 방법

CHAPTER 1

식물의 특성

1

씨앗은 싹틀 때를 어떻게 알 수 있을까?

식물의 씨앗을 인간의 발달단계와 비교해보면, 이는 씨앗이 아니라 이미 하나의 배아(Embryo)다. 대다수의 경우 몇 주나 몇 달, 때로는 그보다 훨씬 더 오랫동안 단단한 껍질의 보호를 받으며 늘어지게 잠을 자고 있는 그런 배아인 것이다.

이런 잠이 얼마나 오래가는지는 종 자체의 유전적 특성 및 여러 후속 환경조건에 따라 다르다. 알다시피 식물은 부화 과정을 거치지 않는다. 그렇기 때문에 씨앗 하나가 일단 한 차례 활성화되어 하나의 새로운 식물로 싹이 터 자라났다면 모든 영향요인이 틀림없이 완벽했을 것이다. 식물은 삶의 첫 순간부터 제 자신에게 의지하고 있지만, 몇몇 요소는 이미 외부적으로 준비되어 있다.

이를 위해 미리 손을 써둔 것은 진화라는 모든 생명 발달의 추동력이다. 자기 씨앗으로 환경조건에 가장 잘 적응하는 식물은 자손도 풍성하게 번식시켜 그 오랜 지구 역사 내내 하나의 종으로 개체를 유지할 수 있었다.

어떤 씨앗은 매우 민감하여 며칠 안에 양호한 조건을 발견해 싹을 틔우지 않으면 안 된다. 그렇지 않으면 씨앗이 썩어버린다. 이런 식물은 대개 기후 조건이 균일한 지역에서 산다. 이를테면 열대 지역의 씨앗이 그렇다. 이런 씨앗의 경우 성장에 양호한 계절에 맞추어 싹을 틔우는 일 따위는 별 의미가 없다. 이와 달리 대다수 텃밭 식물 종자는 중유럽에서처럼 계절 변화에 적응했거나, 남유럽이나 아프리카에서처럼 건기와 우기의 교체기에 적응한 식물류의 것이다. 그리고 이는 우리같이 정원을 가꾸는 사람에게는 일종의 행운이다.

씨앗은 비교적 튼튼해서 조건이 양호하면 여러 해 살아남을 수 있다. 무덤 속에서 발견된 수련 씨앗은 심지어 파라오 시대에서부터 근대까지 살아남았고, 일단 파종이 되자 활력 넘치는 식물을 형성해낼 수 있었다. 그런데 그런 일은 어떻게 가능할까?

비밀은 발아 억제 물질과 이를 분해하는 조건에 있다. 몇몇 식물 종자는 전혀 손대지 않는다면 '영원히' 잠잘 수도 있을

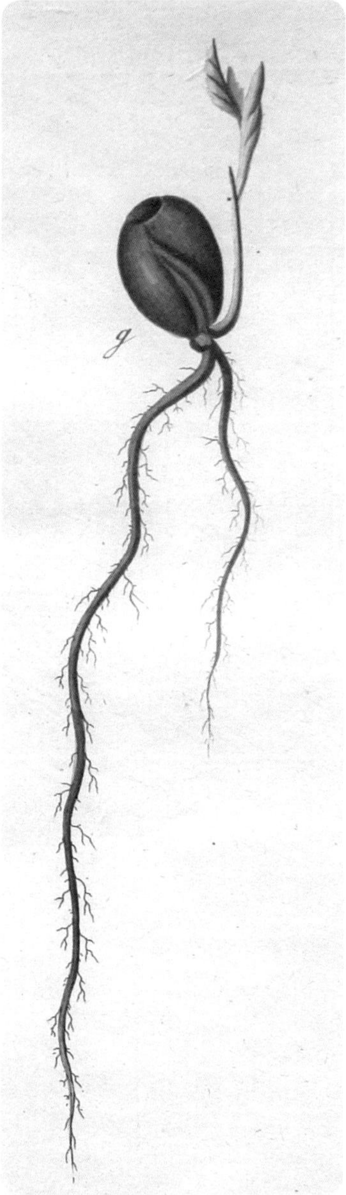

것이다. 그 씨앗이 자란 것과 동일한 온도에서 보관할 경우에 그럴 수 있다는 말이다. 그런 종자들이 활동 상태에 들어가려면 종에 따라 저온상태 같은 특정 단계를 일정 시간 동안 거쳐야 한다. 그 시기를 지나야만 비로소 발아 억제 물질이 분해되어 없어진다. 이제 이해가 되지 않는가. 이래서 씨앗은 겨울이 지나 생장 조건이 유리해지면 비로소 싹트는 것이다.

싹트기

씨앗이 싹트려면 반드시 적당한 수분과 온도가 전제되어야 한다. 이 둘의 상호작용으로 씨앗에 저장된 영양분이 활성화되어 싹트기 과정에 시동이 걸린다. 이렇게 되면 이제 되돌아가는 것은 불가능하다. 그저 싹튼 씨앗이 말라버리지 않고 처음에 형성된 뿌리가 하나의 뿌리 시스템으로 형성되기를 바랄 수 있을 뿐이다. 땅 위에서는 대다수 종의 경우 두 장의 떡잎이 형성되는데, 여기서 나중에 줄기가 자라 나온다. 이 떡잎에서 본잎이 자라 나오면 식물은 이제 아기 단계를 벗어난 셈이며, 그에 걸맞게 돌봐주면 '어린아이 단계의 식물'로 계속 자라날 수 있다.

2

식물은 어떻게 생장할 수 있을까?

생장의 원리는 세포분열에 그 바탕을 두고 있다. 어떤 세포가 어디서 어떻게 자랄지, 어떤 형태를 지닐지 정해주는 것은 유전자 코드다. 식물이 생장하려면 활용할 수 있는 에너지가 있어야 한다. 형성된 세포들이 어떻게든 영양분을 섭취해야 하기 때문이다. 거기에 쓰이는 가장 작은 실질적 요소는 글루코오스, 즉 설탕의 일부인 포도당이다. 그리고 대다수 녹색 식물은 이 포도당을 광합성으로 얻는다.

광합성을 의미하는 독어 합성어 Fotosynthese(포토쥔테제)는 세 개의 그리스어 어근으로 이루어져 있다. '빛'을 뜻하는 phos, '함께'라는 뜻의 syn, 그리고 '두다', '놓다' 등의 의미를 지닌 thesis가 그것이다. 따라서 무엇보다도 빛을 이용해서 새로운 것을 합성한다는 뜻으로 번역될 수 있으며, 그 결과물은 에너지 공급원인 포도당과 우리로서는 크게 반가운 폐기 부산물인 산소다. 이런 과정이 가능하려면 빛과 더불어 추가로 물과 이산화탄소도 있어야 한다. 하지만 물과 이산화탄소까지 다 따져 넣으면 Fotosynthese라는 멋진 독어 단어는 포토휘드로

아에로쥔테제(Fotohydroaerosynthese. 광수기합성)라는 기괴한 꼴의 낱말이 될 것이다. 정말 그 누구에게도 이런 건 필요 없다(물론 생물학을 배우는 학생들에게는 광합성 공식 전체를 뒷받침해주는 멋진 단어가 될지도 모르지만).

그럼 이제 화학 분야로 잠깐 소풍을 가보자. 머리 아플 일은 없으니 걱정 마시라. 화학 일등급이 아닌 나도 이 기본 공식은 이해할 수 있다. 공식은 다음과 같다.

$$6CO_2 + 6H_2O + \text{빛에너지} = C_6H_{12}O_6 + 6O_2$$

(이산화탄소 6분자 + 물 6분자 + 빛 = 포도당 1분자 + 산소 6분자)

분자식 양쪽을 좀 자세히 들여다보자. 이산화탄소에서 산소가 떨어져 나왔고, 이제 산소가 없어져 자유로워진 탄소가 물 분자에 달라붙었음을 확인할 수 있다. 하지만 이런 일을 분자들이 자발적으로 하지는 않는다. 일종의 공장 같은 것이 이 일을 대신 해주어야 한다. 여러 박테리아와 진화 과정을 거쳐온 식물들은 이 공장을 엽록체라는 극도로 작은 세포기관의 형태로 발달시켰다. 세포 하나에 때로는 엽록체 수백 개가 들어 있기도 하다.

이 엽록체들은 자기 막 속에 있는 초록 색소를 통해 정확히 햇빛 파장을 받아들이고, 에너지 공급원인 이 햇빛 파장은 꼭 필요한 화학 반응을 일으킨다. 이 초록 색소를 클로로필, 즉 엽록소라 한다. 모든 고등식물은 다 이 엽록소를 지니고 있으며, 생명을 구성하는 기본 요소를 합성하는 이 과정은 우리 지구를 지속적으로 변화시켰다.

얼마나 다행인가. 식물들이 오로지 광합성만으로 동물들이, 아울러 우리 인간이 땅 위에서 살아갈 수 있도록 바탕을 마련해주었으니 말이다. 대기 중의 산소 함량이 증가하자 육지 동물들은 폐호흡을 하여 스스로 이에 적응했으며, 에너지를 함유한 식물들의 각 부분을 먹어서 영양분을 섭취했다. 일단은 그랬다. 그러다 나중에 동물과 식물은 서로서로 먹을거리가 된다는 사실을 알게 되었다.

확실한 것은 식물 없이 또 엽록소 없이는 '땅 위의 생명(Landleben)'도 없다는 사실이다. 이 말은 몇몇 식물 관련 잡지에서 상투적으로 즐겨 말하는 전원생활(Landleben)을 의미하는 것이 아니다(Landleben의 land는 '육지'라는 뜻과 '농촌'이라는 뜻을 모두 가지고 있다_옮긴이). 내가 가장 좋아하는 색이 녹색이라고 솔직하게 털어놓는 것은 결코 녹색당과 같이 정치적 선동을 하기 위해서가 아니다. 녹색이 온갖 농담의 등급을 지닌, 내가 두 번째로 가장 좋아하는 색깔인 자주색과 너무나 멋진 대조를 이루기 때문이다.

3

꺾꽂이로 식물을 키우는 일은 어떻게 가능할까?

세포는 원칙적으로 무엇으로든 자랄 수 있다. 전능성(전분화능이라고도 한다. 미수정란 및 발생초기의 배세포가 조직, 기관으로 분화하여 개체를 형성하는 능력이 있는 것을 뜻한다_옮긴이)이 있다는 뜻이다. 이 말은 '뭐든 할 수 있다'라는 말과 거의 같다. 만약 이 원칙이 맞지 않다면 세포 하나에서 온갖 개별 세포를 지닌 전체 유기체가 자라나는 일이 불가능하다. 그러므로 단 하나의 세포는 원칙적으로 그 유기체가 필요로 하는 모든 것을 만들어낼 수 있다.

우리 자신의 개인적 발달을 살펴보기만 해도 그 사실을 알 수 있다. 우리 부모님의 생식세포 각각은 수정란으로 합쳐지지만 처음에는 일단 혼자였다. 수정된 뒤에는 세포분열이 일어나 점차 여러 구조와 신체 기관이 형성되고 마침내 인간이라 할 수 있는 생명체가 된다. 그 출발점이 되는 세포는 자기 염색체 세트와 더불어 설계도 하나를 갖고 있었는데, 이 설계도가 새로 생성되는 모든 각각의 세포에 정확히 어떻게 자라나야 하는지 할당해주었다.

그러나 인간의 수정란이 이 설계도를 눈의 홍채, 혈액 또는 장 점막 속에 있는 각각의 체세포에 전달했다고 해서, 이 체세포들이 다시 완전한 인간 하나를 만들어낼 수 있는 것은 아니다. 왜일까? 첫째, 비교적 고등한 생명체가 완전히 통제 불가능하게 증식하는 일은 생태계의 균형에 어울리지 않기 때문이다. 둘째, 인간 진화의 성공 비결은 우리의 유전적 특징, 즉 유전자들의 끊임없는 새로운 조합에 있기 때문이다.

무슨 말인가 하면, 하나의 유기체가 더 고등하게 발달해 있을수록 그 유기체 속의 세포 하나하나가 일반적으로 그만큼 더 특화되어 있다는 뜻이다. 또 하나의 세포가 더 특화되어 있을수록 세포분열로 다른 형태를 취하기가 그만큼 더 어렵다는 말이다. 세포가 자기 위치에 꽤나 고착되어 있는 것이다. 비유하자면, 세포는 유연했던 어린 시절을 떠올리지 못하는 다 자란 어른이라고 할 수 있다. 예컨대 척추동물이나 심지어 인간을 복제하는 일은 연구실에서 세포로 하여금 발달과정을 거꾸로 거슬러 배아처럼 행동하게 만듦으로써 가능하다. 말하자면 완전한 유기체로 발달해가는 프로그램을 다시 처음부터 시작하도록 세팅해야만 하는 것이다.

그러나 대다수 식물의 경우 상황이 완전히 다르다. 식물은 나무껍질이나 바깥쪽 세포들도 성질이 바뀌어 뿌리를 형성할 수 있다. 그 세포들은 어린 시절의 유연성을 그대로 유지하고 있다. 그게 종을 유지하는 데 여러 면에서 유리하기 때문이다. 예를 들면 땅 위나 땅 아래에서 살아가는 수많은 종들은 기는줄기를 마음대로 만든다. 그리고 이 줄기에서 그 종의 유전자와 완전히 동일한 식물을 싹틔울 수 있다. 기는줄기가 뿌리에서 나온 포복근(匍匐根)이라면, 그 조직은 알

맞은 흙을 만나면 틀림없이 성질을 바꾸어 새싹과 잎을 틔워낸다. 반면 줄기가 지상의 식물 부분에서 생겨난 것이면, 다시 말해 포복경(匍匐莖)이면 뿌리생장을 위한 '스위치 변환'을 해야 한다.

식물 중에는 생명력이 강력한 것이 많다. 그래서 어린 싹을 자른 것이 물속이나 영양분이 희박한 축축한 기질(퇴적물이나 퇴적암 입자 또는 큰 입자들을 둘러싸거나 이런 입자들 사이의 공간을 메우는 세립질 물질을 말한다_옮긴이)에서도 뿌리를 내리기도 한다. 뿌리가 형성되는 데 걸리는 기간은 종에 따라 다양하다. 싹을 먹여 살릴 정도로 뿌리가 충분히 빨리 발달하여 마침내 완전한 식물로 자랄지, 아니면 그 전에 말라죽거나 곰팡이에 오염되어버릴지는, 늘 그렇다시피 경쟁에 의해 결정된다. 식물이 다쳤을 때 새싹 틔우기 방식으로라도 손상되지 않은 식물을 빨리 재생할수록 꺾꽂이 식물의 뿌리 형성도 그만큼 더 빠르다. 예를 들면 장미, 개나리, 버드나무, 제라늄(그림 참조), 협죽도, 스클룸베르게라(게발선인장 포함_옮긴이)이나 클레마티스는 꺾꽂이로 비교적 손쉽게 증식시킬 수 있다. 이와 달리 라일락은 뿌리 형성이 잘 되지 않는다. 자기 뿌리를 통해 증식시키려면 세포 배양을 해야 한다.

4

두 식물을 접붙여서 품종개량을 하는 까닭은?

접붙이기를 하는 데는 여러 가지 이유가 있는데, 그 모든 이유의 목표는 하나다. 개량된 식물, 예를 들면 특별히 아름다운 장미, 아주 맛난 사과 또는 아주 멋진 라일락 같은 식물을 새로운 품종으로 만들어 퍼뜨리는 것이다. 이때는 개량품종의 모든 특성이 그대로 유지되어야 한다.

자기 뿌리로 자라는 것보다 이른바 대목(臺木), 즉 꺾꽂이의 바탕이 되는 나무에 접붙였을 때 눈에 띄게 더 힘차게 자라고 더 튼튼한 식물들이 있다. 여러 종의 과일나무가 그렇다. 대목으로는 주로 해당 개량품종의 야생종이 쓰인다.

품종개량한 식물은 적절한 때에 꺾꽂이로 뿌리를 형성할 수 없다. 이 경우에도 라일락은 좋은 사례가 된다. 라일락은 접붙이기로 가능한 한 빨리 수분과 영양분을 공급받아야 한다.

어릴 때 젖을 먹여주는 유모를 필요로 하는 품종개량 식물류도 상황은 비슷하다. 예컨대 품종개량된 모란이 그렇다. 모란은 새싹이

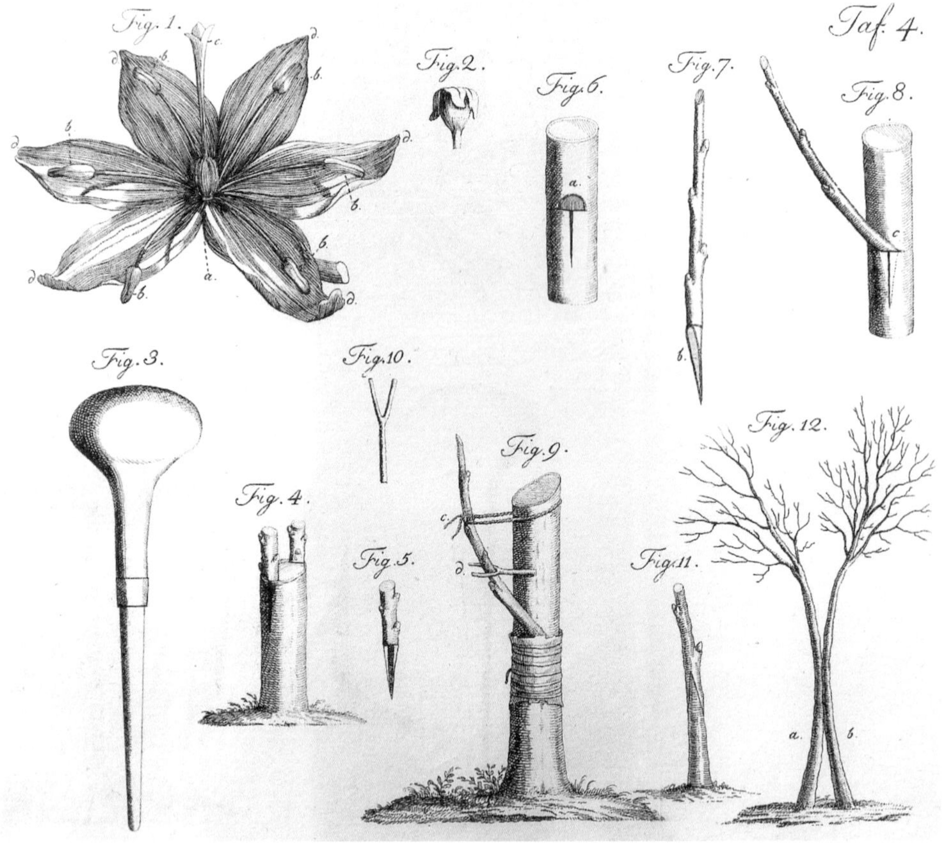

대략 땅속 20센티미터에 위치하도록 아주 깊이 심어주어야 한다. 처음 몇 년 동안은 대목의 뿌리가 영양 공급을 떠맡는다. 그러나 개량된 품종의 싹들이 뿌리를 형성하면서 점점 힘이 세져서 전에 영양을 공급해주던 유모 뿌리 시스템을 능가한다. 이 시기를 전후하여 모란은 이제 자기 뿌리로 우뚝 선다. 바로 이것이 목표다. 이제 이 식물은 더 이상 멈출 수 없을 정도로 자리를 잘 잡은 것이다.

또 아접(눈접 또는 눈 따 붙이기 등으로도 불린다_옮긴이)으로도 품종개량을 할 수 있다. 나무껍질에 금을 내 벌린 다음 싹(눈) 하나를 그 속에

삽입하면 되는데, 이런 방식은 매우 높은 증식률을 보인다는 장점이 있다. 예를 들어, 장미 싹이 난 줄기 하나만 있으면 대략 스무 개의 새로운 식물을 개량할 수 있다. 이런 점 덕분에 신품종을 아주 신속히 보급할 수 있다.

품종개량

모든 품종개량은 대목 하나와 접수(접목된 나무_옮긴이) 하나로 이루어진다. 대목은 뿌리를 제공해주며 필요할 경우 튼튼한 줄기가 되어주기도 한다. 개량종, 즉 접수는 원하는 꽃이나 열매 또는 생장특성과 더불어 온전한 발아 시스템을 제공한다. 품종을 개량할 때 이 두 부분을 서로 유착시켜주어야 한다. 이때 주의할 점은 형성층(부름켜라고도 한다_옮긴이)이 대목과 접수의 수피(나무줄기의 코르크 형성층보다 바깥에 있는 조직을 말한다_옮긴이) 부분에서 서로 겹쳐야 한다는 것이다. 그곳에 물과 영양분이 이동하는 관다발이 위치해 있기 때문이다. 그리고 이 관다발들이 마치 전선처럼 서로 연결되어야 한다. 이 형성층은 해당 식물의 굵어짐, 즉 수평성장도 유발한다. 따라서 대목과 접수종이 대략 비슷한 속도로 성장함을 경험적으로 아는 것이 중요하다.
백합, 튤립, 수선화, 파, 대나무 같은 거의 모든 외떡잎식물은 형성층을 전혀 갖고 있지 않거나 거의 갖고 있지 않다. 따라서 원칙적으로는 품종개량이 되지 않는다.

5

씨앗 중에 쭉정이가 있는 것은 무슨 까닭일까?

쭉정이는 꽃의 가루받이(종자식물에서 수술의 화분이 암술머리에 옮겨 붙는 일_옮긴이)가 불완전할 때부터 생겨날 수 있다. 야생종의 경우 이런 일은 아주 드물다. 왜냐하면 아주 높은 증식률을 보이지 않으면 종의 생존을 유지할 수 없기 때문이다. 근친 관계인 정원수들은 물론이고 공원에 있는 보리수(그림 참조) 같은 수목은 다양한 지역에서 가져올 수 있는데, 이들 상호 간의 가루받이가 열매 형성으로 이어질 수는 있지만 거기서 자라나는 씨앗은 번식력이 없을 수도 있다. 이는 유전 정보가 서로 맞지 않기 때문이다. 예컨대 염색체의 길이가 서로 다르다거나 염색체 세트가 상이한 것이다. 그 결과 겉모습만 멋지고 증식은 하지 못하는 씨앗만 만들어진다.

본디 생명력이 강한 씨앗이라도 적절한 환경에서 보관하지 않으면 마찬가지로 쭉정이가 될 수 있다. 멀쩡한 배아가 씨앗 안에서 죽어버리기 때문이다. 예를 들어 열대 식물이 서리를 맞으면 죽게 되는 것처럼 저장 온도가 너무 높거나 너무 낮으면 그렇게 된다.

종자를 보관하는 사람은 발아 테스트를 하여 파종을 하는 것이 좋은지 그렇지 않은지를 점검해야 한다. 약간의 종자를 물이 담긴 유리잔 안에 넣은 다음 그중에서 무엇이 가라앉고 무엇이 뜨는지 보면 된다. 가라앉은 씨앗은 분명 싹을 틔운다.

더 확실한 방법은 젖은 키친타월이나 물에 씨앗을 뿌려 발아하는지 확인하는 것이다. 이때도 역시 그 씨앗의 일부만 뿌리면 된다. 씨앗 중 실제로 어느 정도가 발아하는가에 따라 파종이 실제로 얼마나 성공적일지를 예측할 수 있다. 이런 방법은 씨앗이 금방 발아하는 종류에만 적합하다.

종자를 보관할 때는 기본적으로 항상 완전 건조된 상태를 유지해야 한다. 이를테면 마개가 있는 유리병에 넣거나 발아차단용 포장을 해야 하는 것이다. 이때에는 공기를 차단한 채 어두운 곳에 보관하도록 한다. 또한 섭씨 18도를 크게 웃돌지 않도록 적절한 실내 온도를 유지해주는 것도 중요하다.

6

고목나무에서는 무슨 일이 일어날까?

우리 생태계에서는 그 어느 것도 낭비되어 버려지거나 해체되어 완전히 없어지는 일이 없다. 살아 있는 유기체 하나를 형성하는 데 동원된 모든 요소는 그 유기체가 죽은 뒤에 다시 분자 단위로 분해된다. 그러면 그 주변에 존재하는 모든 생명 형태는 이렇게 제공되는 분자들을 마치 조립식 블록 세트처럼 이용해 제 몸을 키워나간다. 우리 부모님들이 늘 강조하시듯, 제대로 된 살림이라면 버릴 게 하나도 없는 법이다.

흥미로운 것은 이렇게 죽은 생명체가 분해되는 방식이다. 시들어 죽은 나무의 사례에서 아주 잘 드러나지만, 그런 죽음이 그 나무가 도달하는 처음이자 마지막 단계는 결코 아니다. 각각의 중간 단계를 특별한 동식물, 곰팡이류 및 박테리아가 이용한다. 그것도 아주 기발하게 말이다.

무두질의 원료인 타닌의 함량이 높은 참나무나 호두나무 같은 수종은 말라 죽고 100년이 지나도 여전히 그대로 서 있다. 그런 나무는 구조가 튼실해서 박쥐, 딱따구리(그림 참조) 또는 들쥐에게 한시적이지만 든든한 거처를 제공해준다. 한시적이기는 해도 이 짐승들에게 이 거처는 마치 우리 인간이 거주하는 일반적인 단독주택처럼 대를 이어 살 수 있는 곳이다. 수많은 다양한 곰팡이와 작은 생명체가 그 목질을 먹고 살아가기에 말라 죽은 나무는 때가 되면 리모델링이 된다. 그리고 그 과정에서 나무껍질 속에 있던 구더기는 수많은 새와 작은 포유동물 그리고 그 외 곤충의 먹이가 된다. 이보다 더 모범적이고 성공적인 재활용 사례는 상상하기 힘들 것이다. 숲이라는 생태계에 관여하는 거의 모든 존재가 이런 재활용을 즐긴다. 이는 아래로는 나무껍질 속의 구더기에서부터 위로는 독수리나 곰에게까지 이르는 먹이사슬을 한 번만 쭉 타고 올라가보면 알 수 있는 일이다.

말라 죽은 참나무도 자기 유산을 후손들에게 나누어준다. 짐승들만 자기 신진대사의 산물, 즉 배설물이라는 영양분 많은 보급품으로 토양을 풍요롭게 하는 게 아니다. 이를테면 곰팡이류도 목질과 수피의 물질을 분해하여 토양에 힘을 더해서, 우연히 그 자리에 툭 떨어지는 도토리 한 알이 성장할 기회를 얻도록 해준다.

나무 한 그루가 분해되는 데 시간이 오래 걸릴수록 숲의 여러 식구들은 거기서 더 많은 자기 몫을 챙길 수 있으므로, 이 과정은 생태계를 위해서 더 값진 시간이 된다.

어떤 존재 하나가 와서 그 모든 것을 이른바 한입에 다 먹어치워버리지만 않는다면, 자연이라는 무대의 수많은 등장인물은 이 먹이사슬에서 배제될 일이 없다. 그러므로 낡은 책장을 땔감으로 써버리고 새 책장을 사기에 앞서, 원목으로 된 그 오래된 책장을 사포질해 새로 칠하는 것이 더 낫지 않은지 고민해볼 가치가 있을 것이다.

7

나무 한 그루가 증발시킬 수 있는 물의 양은 얼마나 될까?

키가 한 20미터쯤 되고 수관폭이 12미터쯤 되는 100년 묵은 너도밤나무 한 그루는 맑은 날 하루 동안 수분을 400리터까지 증발시킨다. 상상이 잘 안 되는 이들을 위해 덧붙이면, 이는 커피 잔 1,600개, 1리터 콜라 12병들이 33상자하고도 4병 또는 대형 욕조 두 개를 가득 채울 수 있는 양이다.

다들 알다시피 나무는 증발로 비교적 미세하게 물을 내보낸다. 뿌리를 통해 물을 받아들인 다음, 이를 내내 물관부를 통해 저 위의 잎사귀까지 흘려보낸다. 그 잎사귀에서 물은 광합성을 할 때 일부 사용되며, 남는 것은 기공을 통해 대기 중으로 방출된다. 당연한 말이지만, 수분이 부족하면 증발량도 훨씬 더 적어진다. 초본류(지상부가 연하고 물기가 많아 목질을 이루지 않는 식물을 통틀어 이르는 말_옮긴이) 식물들은 흘러들어온 물로 가득 채워진 세포들이 '탱탱한' 상태로 유지되어야 꼿꼿이 자랄 수 있다. 세포 속의 압력이 필요한 수준 이하로 떨어지면 식물은 '축 늘어진다.'

영양 공급을 잘 받은 식물은 경우에 따라서는 수분을 증발시켜 공기까지 식혀줄 수 있다. 나무가 별로 없는 도시 지역과는 달리, 공원과 숲속에서는 여름철 열기가 가득하면 공기가 아주 제대로 습할 뿐 아니라 더 시원하기도 하다. 그러니까 식물은 이 세상에서 가장 오래된 동시에 가장 멋진 에어컨이라 하겠다.

식물의 기능은 가습 및 냉각 효과에만 국한되지 않는다. 공기정화 작용도 하기 때문이다. 모든 식물은 곰팡이류의 포자, 박테리아, 먼지 또는 대기 중의 유해물질을 걸러주기도 한다.

앞서 언급한 너도밤나무는 400리터의 수분을 증발시키는 것 외에도 12킬로그램의 당분을 생산하는데, 이는 전분으로 저장될 수 있다. 또 산소도 13킬로그램 생산하는데, 이는 10명의 사람이 하루 동안 숨쉬기에 충분한 양이다.

이 나무를 쓰러뜨리면 수관폭이 대략 1미터쯤 되는 어린나무 2,000그루를 심어야만 비슷하게라도 공기에 대해 같은 효과를 얻을 수 있을 것이다. 이런 나무 한 그루의 가치를 돈으로 환산하면 얼마가 될지 궁금한가? 묘목 가격을 잘 모르는 이들을 위해 설명하자면, 이런 나무를 새 것으로 2,000그루를 구입해 심는 데 대략 25만 유로가 든다. 나무를 심을 대지를 확보하는 데 필요한 비용은 제쳐두고 계산해도 그렇다.

그런데도 그저 시야를 좀 가리거나 다소 걸리적거린다는 이유만으로 정원, 공공녹지, 건물 인근, 주차장 또는 공원에 있는 커다란 나무를 베어버려야 할까. 새 순환도로나 도시 구역을 설계할 때 나무들에게 돌아가야 할 합당한 가치를 인정해줘야 하지 않을까.

8

세상에서 가장 나이가 많은 식물은 몇 살일까?

현존하는 최장수 나무는 소나무속의 일종인 브리슬콘소나무(Pinus longaeva)인데, 그 나이가 5,066세로 밝혀졌다. 현재 캘리포니아에 있는 이 소나무 종류(다음 페이지 그림 참조)의 이름은 독어로 번역하면 그 특징이 잘 반영된 장수 소나무(Langlebige Kiefer)쯤 된다.

이 오래된 나무가 싹이 터서 자란 시기는 신석기시대에서 청동기시대로 넘어가던 때다. 당시의 인간은 남미 지역에서는 처음으로 옥수수를 재배했고, 나일강 하류의 삼각주 지역인 하이집트와 상류의 상이집트는 피라미드 건설을 하며 파라오의 지배를 받는 하나의 제국으로 합쳐졌다. 이집트에서는 상형문자가, 수메르에서는 쐐기문자가 개발되었으며, 인도에서는 최초로 닭을 가축으로 길들였다. 잉글랜드 남부에 있는, 아직도 어떻게 만들어졌는지 완전히 밝혀지지 않은 스톤헨지가 세워졌을 때 이 나무는 이미 적어도 오백 살이었다. 천체를 묘사한 인간의 작품 중 두 번째로 오래된 것으로 간주되는, 독일 네브라에서 발견된 하늘원반(해, 달, 별 등을 묘사한, 직경 30센티미터가

량의 청동제 원반_옮긴이)이 중유럽에서 사용되던 때는 대략 천 살이었다. 한 세대의 기간을 25년으로 잡는다면 이 노송이 서 있은 이래 얼추 203세대가 지난 셈이다.

기는줄기를 통해 늘 한 번씩 회춘하면서, 마치 복제하듯 이른바 동일 유전형질을 지속적으로 대체함으로써 거의 불멸에 이른 나무들도 있다. 예컨대 미국 유타주에서 포플러(사시나무)의 일종인 북미사시나무(Populus tremuloides)는 하나의 뿌리에서 시작해 상상하기도 어려운 8만 년이라는 긴 시간 동안 이런 방식으로 자신을 복제해오고 있다. 또 4만 7,000그루(!)의 다른 나무들과 함께 대략 43헥타르의 면적을 차지하고 있다. 이 포플러의 초기 세대(뿌리에서 싹이 튼 각각의 나무는 대략 이백 살까지 산다)가 싹을 틔웠을 때 우리 호모 사피엔스는 이미 12만 년 넘게 두 발로 돌아다니고 있었지만, 그때서야 비로소 아프리카 동부에서 대륙의 다른 곳으로 삶의 터전을 확대하기 시작했을 따름이다. 또 네안데르탈인이 호모 사피엔스의 첫 번째 등장에 놀라고 있을 때, 포플러는 지금까지 이어지고 있는 자기 수명의 대략 절반을 산 상태였다. 네안데르탈인들은 포플러에게 가장 좋을 때였던 대략 3만 년 전에 밀려났다. 그리고 오늘날 지구상에 단 하나뿐인 더 뛰어난 인종(현재 존재하는 특정 인종을 지칭하는 것이 아니라 사피엔스종을 뜻한다. 피부색이나 유래에 상관없이 우리는 모두 사피엔스종이다)이 떠오르는 과정에서 유럽인이나 아시아인 각각의 유전형질 속에 1퍼센트 이상 남아 그 존재를 이어가고 있다. 어차피 네안데르탈인과 현대 인간의 유전자의 차이는 많아야 1퍼센트 정도라서, 별로 큰 문제는 아니다. 그러니 종이 사라질 수도 있다는 이유로 포플러가 두려워하며 사시나무 떨 듯 몸을 떨 필요는 없을 것이다.

어떤 장수의 비결

백 살 넘은 사람들에게 어떻게 장수할 수 있느냐고 묻자, 다수가 규칙적인 삶을 영위했고 건강에 좋은 음식을 충분히 섭취했으며, 운 좋게 힘든 일과 휴식 사이의 균형을 어느 정도 유지할 수 있었다고 대답했다. 양호한 유전적 전제 조건도 분명 결정적일 것이다.

하나의 개체로서 오래 살아가고 있는 식물의 경우 눈에 띄는 점은, 어린 시절이 길다는 것과 매우 단단하고 저항력이 뛰어난 기관들을 형성한다는 것이다. 이런 점에서는 관목류(키가 작고 원줄기와 가지의 구별이 분명하지 않으며 밑동에서 가지를 많이 치는 나무_옮긴이) 중에서 작약이 두드러진다. 작약은 거의 10년이라는 성장기를 보낸 후에야 비로소 '진지하게 받아들여질' 수 있다. 그리고 가장 천천히 성장하는 목본류(줄기와 뿌리가 비대 생장하여 다량의 목부를 형성하고 그 벽이 목화되어 굳어진 식물_옮긴이) 중에서, 예컨대 주목은 단거리 육상선수라 할 만큼 생장이 빠른 자작나무보다 더 오래 산다.

9

뿌리는 아래로 뻗어야 한다는 것을 어떻게 알까?

식물은 빛을 두루 받아들일 수 있지만 대다수는 생명의 시작 단계, 즉 싹을 틔울 때에는 어둠 속을 더듬는다. 뿌리는 장님이다. 적어도 빛의 감수(感受)에 관한 한 그렇다는 말이다. 어디로 뻗어야 하는지 방향을 잡으려 할 때 빛은 정보의 원천이 되지 못한다. 뿌리의 성장이 밤에도 일어날 수 있기 때문이다.

어디가 위고 어디가 아래인지 아는 것은 식물에게 목숨이 달린 중요한 일이다. 그걸 알아야 뿌리 시스템을 온전히 형성할 수 있다. 사방팔방으로 더듬어 지표층을 돌파하여 빛에 다다른 다음에야 비로소 그 어린 조직이 새싹이 될지 아니면 뿌리로 변신해야 할지 결정해야 한다면, 이건 식물로서는 감당 못 할 일이다.

뿌리는 그 세포 속에 묵직한 것, 소위 평형석이란 걸 갖고 있다. 이것은 일종의 전분 알갱이로, 자신을 둘러싸고 있는 주변의 세포액보다 더 무겁다. 이 알갱이는 지구 중심을 향하는 중력의 법칙에 따라 방향을 잡는다. 평형석 덕분에 식물은 지상에서 성장하는 한 (그 외에 달리 자라날 데도 많지 않지만) 어느 방향에서 빛이 오는지, 또 어느 방향에서 물과 지지물 및 영양분을 얻을 수 있는지 '알 수 있는' 것이다. 그리고 이는 식물이 빛이라는 자극을 전혀 얻지 못할 때에도 마찬가지다.

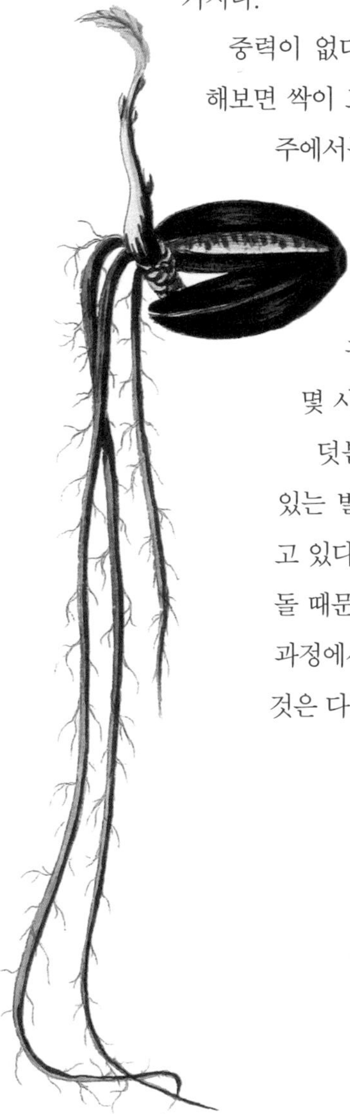

중력이 없다면 상황은 달라진다. 우주에서 실험을 해보면 싹이 트는 식물은 모든 방향으로 자라난다. 우주에서는 평형석이 뚜렷한 방향을 잡지 못해 식물들이 사방으로 뿌리를 뻗어 마치 뒤엉킨 실타래 같은 느낌을 준다. 그러나 우주선 캡슐이 지구에 도착해 지구 인력의 작용 범위에 들어오면, 뿌리는 몇 시간 이내로 방향을 잡는다.

덧붙이자면, 평형석이란 식물만이 지니고 있는 발명품은 아니다. 동물과 인간도 이걸 갖고 있다. 우리가 균형을 유지할 수 있는 것은 이 돌 때문이다. 여기서도 다시 드러나지만, 진화의 과정에서 하나의 원리가 생존에 도움이 되면 그것은 다양한 방식으로 변주된다.

10

식물은 어떻게 중력을 거슬러 뿌리부터 잎까지 물을 보낼까?

식물 내부에서 물은 중력과 반대 방향으로 흐른다. 물이라는 물질을 끌어당기는 중력의 힘보다 더 강력하게 작용하는 대항력 없이는 불가능하다.

이 메커니즘은 한 유기체 안에서 일어나는 매혹적인 합주를 보여준다. 우선 이른바 모세관 현상이라는 게 있다. 지름 1밀리미터도 안 되는 머리카락 굵기의 도관 속 물기둥은 예컨대 넓은 호수의 수위보다 높게 올라감으로써 지구의 인력에 어느 정도 맞선다. 그런 모세관 속에서는 부착력, 즉 물 분자가 관의 가장자리에 달라붙는 힘이 물 분자 각각이 서로를 붙잡아두는 응집력보다 더 크다. 그래서 모세관의 가장자리가 물을 위로 끌어올리는 것이다. 이는 물을 꼭 머금고 있는 스펀지 속에서 작용하는 힘과도 같다. 이런 힘은 토양 속의 미세한 구멍이 물을 머금게 해, 비 온 뒤에 빗물이 흔적 없이 땅 저 깊은 곳으로 스며들어 없어지지 않도록 하는 데 기여한다.

식물의 경우 관다발이 아주 미세한 까닭에 지구의 인력을 어느

정도 무력하게 만들 수 있다. 그래서 식물의 뿌리가 물을 받아들이면 그 물기둥은 위로 치솟는다. 그다음은 이파리가 역할을 할 차례다. 식물의 잎은 어릴 때부터 물을 증발시킨다. 그러니까 수분은 뿌리를 통해 위로 밀려 올라갈 뿐 아니라 위에서도 증발로 끌어올려지는 것이다. 그리하여 도관이 생겨나는데, 이 관은 가능한 한 쉽게 찢어지지 않아야 한다. 그렇지 않으면 그 식물은 시들어버린다.

순전히 물리학적으로 설명한 이런 작용들의 조합으로 식물은 뿌리부터 시작해 가장 높이 달린 잎까지 최장 130미터에 이르는 길이의 도관을 이어줄 수 있다.

꽃병에 꽂아둔 장미가 축 늘어지는 까닭

당연한 말이지만, 꽃을 꺾어 화병에 꽂아두면 물은 더 이상 아름다운 꽃이 있는 곳까지 올라가지 못한다. 도관이 단절되었기 때문인데, 이는 도관이 이미 절단면에서 막혀버렸음을 뜻한다. 예컨대 도관이 썩기 시작하거나 아주 날카롭고 매끄러운 칼로 절단되지 않거나 하면 그렇게 된다. 아주 훌륭하게 잘랐어도 도관 속에 공기층이 형성되어 물의 이동을 차단할 수도 있다. 그런 경우에는 꽃 바로 아래 부분까지 신문지로 감싼 다음 완전히 물속에 담가둔다. 그러면 물이 줄기 옆면으로도 침투하여 막힌 것이 풀린다.

11

식물은 빛이 없어도 자랄 수 있을까?

정답부터 말하자면 불가능하다. 모든 고등식물은 햇빛이 있어야 광합성용 에너지 발전소를 돌릴 수 있다. 앞서 말했다시피 이는 물질, 즉 식물의 실질을 키워내려는 식물의 전략이다.

하지만 빛이라고 다 같은 건 아니다. 자연광의 세기는 계절, 지역, 기후, 날씨 및 다른 식물과의 공존 여부에 따라 오르락내리락한다. 하지만 식물이 거의 어디서나 잘 자라는 걸 보면 각 식물이 필요로 하는 빛의 양이 서로 다르다고 추론할 수 있다.

물론 이는 각각의 종이 어떤 환경에 적응했는가에 달려 있다. 예컨대 숲 지역의 바닥 가까이에서 자라는 식물, 이를테면 양치류(다음 페이지 그림 참조)는 스텝기후 지역에 하나씩 따로따로 서 있는 식물들보다 빛을 더 적게 받아도 견딜 수 있다. 주어진 조건에 완벽히 동화되어 자신에게 필요한 빛의 양을 충족할 수 있는 전략을 발달시킨 것이다.

이 전략은 잎에서 가장 두드러지게 드러난다. 그늘진 곳을 터전으로 삼은 식물들은 일반적으로 잎이 큼직하지만 부드럽다. 그런 종류의 잎을 가짐으로써 엽록소가 들어갈 자리를 키워 빛을 붙잡아 들이는 것이다. 이와 반대로 스텝지대와 사막지대 등의 이글거리는 햇빛 아래서 자라는 식물들이 만들어내는 잎은 상대적으로 작은 데다, 단단하거나 딱딱하기까지 하다. 빛의 양이 충분하기 때문이다. 게다가 종종 밀랍 성분의 코팅 층까지 있어서 수분의 과도한 증발을 막기도 한다. 다 물이 부족한 탓이다. 식물이란 참으로 영리한 살림꾼인 셈이다.

그러므로 그늘을 좋아하는 식물을 햇살 아래 내놓는 호의는 베풀

지 말아야 하는 법이다. 그런 식물들은 햇살을 견디지 못한다. 휴가를 즐기겠다며 해가림도 없이 열대지역 해변으로 떠나는 백인처럼 말이다. 사람은 선크림이라도 바를 수 있지만 식물은 그럴 수도 없어서 잎이 아주 제대로 타버린다. 마찬가지로 햇살을 좋아하는 식물이 어둑한 곳에 있는 것 역시 불행한 일이다. 이 식물들은 그런 곳에서는 잎이 하얗게 변하고 조직이 물러진다. 어떻게든 빛을 많이 받아보려고 평소보다 더 빠른 속도로 자라기 때문이다. 이는 외관상의 불행으로만 그치지 않는다. 얼마 못 가서 똑바로 서 있게 해주는 힘도 부족해진다. 게다가 잎의 기력이 약해지면 벌레나 곰팡이류도 득달같이 달려든다.

밝은 방이 그늘진 정원보다 더 어둡다

빛의 양, 더 정확하게 말해 조도는 럭스(lux)라는 단위로 측정된다. 예를 들면 햇살 가득한 여름날 한낮의 조도는 10만 럭스, 구름 낀 여름날 한낮은 2만 럭스다. 반면, 맑은 겨울철 낮의 조도는 3,500럭스 언저리다. 이는 야외에서의 수치다. 실내에서는 이 수치를 크게 내려잡아야 한다. 겨울철에는 창문 바로 앞의 조도가 겨우 2,000럭스이며 1미터씩 뒤로 멀어질수록 빛의 양은 1,000럭스씩 줄어든다. 빛을 많이 필요로 하지 않는 실내용 식물로는 에피프렘넘(Epipremnum), 스파티필룸(Spathiphyllum), 필로덴드론(Philodendron), 몬스테라(Monstera), 엽란(Aspidistra), 산세비에리아(Sansevieria), 용혈수(Dracaena), 아프리카제비꽃(Saintpaulia) 등을 들 수 있는데, 이들은 조도가 500럭스만 되어도 충분히 살아갈 수 있다.

12

양치류에서는
왜 꽃이 피지 않을까?

양치류는 지의류(조류와 균류의 공생체로, 발생할 때부터 공생해 마치 하나의 개체처럼 움직인다_옮긴이) 및 선태류 그리고 그 외의 다른 몇 가지와 더불어 꽃을 피우지 않는 식물 중 하나다. 그럼에도 불구하고 양치류는 증식하는데, 증식을 위해 전혀 다른 전략을 발달시켰기 때문이다. 이는 분명 이 식물이 육지에서 자랄 수 있었던 최초의 식물군 중 하나였던 까닭도 있다. 이 식물이 육지를 정복했을 때에는 아직 '사랑의 전령'이 되어 가루받이를 하는 역할을 떠맡아줄 곤충이 없었다. 그러나 물은 분명 있었다.

양치식물의 잎 뒷면에는 작은 반점이 여러 개 있는데, 이걸 포자낭군(Sorus)이라고 한다. 현미경으로 관찰하면 이들이 작은 주머니, 즉 포자낭(Sporangium)의 집합체라는 것이 드러난다. 포자낭에는 포자가 들어있다. 이 포자가 축축한 땅에 떨어져 온기를 넉넉히 얻게 되면 싹이 튼다. 하지만 화려한 양치식물이 피어나는 게 아니라 이상하게 생긴 자그마한 형체가 생겨나는데, 이를 전엽체(前葉體)라고 한다. 이것은 암

수가 서로 만나는 장소다. 이 전엽체에서 암수 생식세포가 함께 자라기 시작하는 것이다. 암수 생식세포가 서로 만나도록 자극을 주는 것은 물이다. 수컷 세포, 즉 정자낭 또는 장정기라 불리는 기관은 아주 훌륭한 수영선수여서 옆에서 꼼짝 않고 있는 암컷 세포, 즉 난자낭 또는 장란기에게로 헤엄쳐 간다. 그리고 정자낭이 난자낭을 발견하자마자 수정이 이루어진다. 이 첫 성공이 유효하면 나머지 게으름뱅이들에게는 급제동이 걸려버린다. 새로 생겨난 어린 양치식물을 위해 전엽체가 시들어버리고 마는 것이다.

양치류를 비롯해 포자생식을 하는 여러 육상식물은 씨앗을 만드는 식물보다 훨씬 더 오랫동안 이 지구상에서 존재해왔다. 4억 년 된 화석들은 양치식물이 데본기(고생대 지질 시대 중 하나로 지금으로부터 약 3억 9,500만 년 전부터 약 3억 4,500만 년 전까지의 기간에 해당한다_옮긴이)에 존재했음을 증명해준다. 그리고 석탄기 중에 종의 확산 및 다양성의 발전이 가장 많이 이루어졌음이 분명하다. 거대한 나무고사리류는 곤충류, 거미류, 양서류 및 초거대 사이즈의 첫 파충류가 사방을 쏘다니는 환경 속에서 한 자리를 차지하고 있었다. 양치식물은 2억 3,500만 년 전에 비로소 모습을 드러낸 공룡보다 먼저 지구상에 존재하고 있었다. 더 구체적으로는 6,800만 년 전에야 등장한 저 대단한 티라노사우루스보다 먼저 지구에 나타났던 것이다. 자손을 퍼뜨리기 위해 곤충들을 기꺼이 받아들이는 대다수 개화식물들이 생겨난 때는 대략 1억 4,000만 년 전이었다.

우리 주변에 이런 수많은 베테랑 식물이 모습을 드러내고 있음이 경이롭지 않은가? 양치식물은 아직도 여전히 전 세계의 숲에 퍼져 있다.

13

일부 식물은 어떻게 꽃 색깔을 바꿀까?

꽃이 색을 바꾸는 데는 여러 가지 이유가 있다. 일단 우리가 보는 꽃의 색은 식물이 체내에 지니고 있는 수분의 산 함량에 따라 결정된다. 잘 알려진 예로 수국(다음 페이지 그림 참조)을 들 수 있다. 수국이 흡수하는 수분이 있는 토양의 수소이온농도(pH) 지수가 낮아 토양이 산성이 되면 수국은 푸른빛이 된다. 반면 pH 지수가 올라갈수록 분홍빛으로 바뀔 가능성이 더 커진다.

이 모든 것에도 불구하고 짚고 넘어가야 할 점은 수국의 분홍색이나 푸른색 빛깔을 내는 것은 꽃잎이 아니라 나뭇잎이라는 사실이다. 여기서 나뭇잎이란 이른바 포엽을 가리키는데, 이 포엽이 별로 눈에 띄지 않는 꽃을 둘러싸고 있는 것이다. 즉, 보통의 나뭇잎이 꽃을 대신하여 유인 수단으로 나서서 제 몸을 곱게 단장했다는 말이다.

폐장초(Pulmonaria)의 '진짜' 꽃은 개화하는 동안 꽃 색깔이 수차례 바뀐다. 분홍색이나 불그스름한 색의 꽃이 피다가 자주색이나 푸른색으로 변한다. 그 이유는 세포액이 처음에는 산성인데 가루받이를 한 뒤에는 염기성으로 변하기 때문이다. 이는 곤충들에게 아주 훌륭한 서비스여서 곤충들이 가장 열광적인 반응을 보인다. 왜냐하면 꽃 색깔이 접근 여부를 결정할 수 있게 해주기 때문이다. 분홍색 꽃에는 꽃꿀이 들어 있어서 곤충들이 모여든다. 하지만 푸른색 꽃은 곤충들이 방향을 틀게 만든다. 그리로 날아가는 것이 헛수고이기 때문이다. 푸른색은 이미 누군가 그 꽃에 가서 꽃꿀을 먹었고, 그런 과정에서 꽃의 가루받이를 해주었음을 의미한다.

눈에 잘 띄는 란타나(Lantana)의 경우에도 상황은 비슷하다. 이 식

물의 경우에는 작은 꽃들이 촘촘히 공 모양의 꽃차례로 모여 있다. 어린 꽃들은 대개 베이지에서 노랑까지의 색상을 띤다. 그런 다음 색상은 분홍이나 주황색을 거쳐 진한 분홍색, 자주색 또는 붉은색으로 짙어진다. 이런 색상은 가게에 물건이 다 팔려 더 이상 가져갈 물건이 없음을 알려주는 일종의 신호다. 즉 가루받이가 이미 이루어져 제공할 꽃가루나 꽃꿀이 다 떨어졌음을 나타낸다.

장미의 경우, 꽃의 색깔 변화는 햇살이 강력할 때 일어난다. 불그레하거나 분홍색 기운이 감도는 꽃잎을 지닌 장미류는 이런 색조를 더 진하게 만들 수 있다. 꽃잎에 더 많은 색소가 형성되는 것이다. 환하게 빛나는 붉은 장미가 꽃이 질 무렵에 푸른빛이 감도는 경우에는 상황이 다르다. 이때는 꽃의 삶이 다해가면서 붉은 색소와 노란 색소가 분해되고 그 대신 자줏빛 색소가 바깥으로 비치는 것이다. 장미가 그 색을 바꾸는 이유는 또 있다. 연분홍이나 거의 백색에 가까운 장미는 이따금 날이 서늘하면 분홍빛 기운을 띠기도 하는데, 이는 기온이 꽃의 세포액에 작용해 색채의 변화를 야기하기 때문이다.

14

씨앗 없는 열매는 왜 생길까?

이 현상은 학술적으로는 단성결실 또는 단위결실이라고 한다. 단성결실은 기계적 자극 같은 환경적 영향 요소들이 꽃을 자극해, 가루받이가 되지 않았음에도 열매가 맺히는 것을 일컫는다. 예컨대 오이나 토마토에 식물 호르몬인 옥신(auxin) 처리를 함으로써 씨 없는 열매를 형성시킬 수 있다. 또한 꽃의 생식기관, 특히 배주(밑씨)가 서리 등으로 손상된 반면 씨방은 정상인 경우에도 그런 일이 있을 수 있다. 유전적 제약으로 인한 단성결실은 수많은 귤 종류 열매 및 열대과일에서 나타나는 것으로 잘 알려져 있다.

열매를 맺는 데 가루받이를 해주는 곤충이 필요치 않다는 것은, 얼핏 보면 바나나 같은 식물의 재배를 더 간편하게 만들어주는 것 같다. 오늘날 시장(그리고 대규모 농장)을 장악하고 있는 것은 소위 '캐번디시 바나나'인데, 이 품종은 단성으로 열매를 맺는다. 이 품종은 달리 어쩔 도리가 없다. 왜냐하면 이 바나나는 3배체 염색체 세트를 지니고 있으며, 이것이 꽃가루나 난세포의 단배체 염색체 세트 형성에 어려움을 주기 때문이다.

이 품종은 1830년에 발견되었는데, 씨앗이 없는 탓에 증식은 무성생식으로만, 예를 들면 기는줄기를 통해서만 가능하다. 이로써 바나나의 유전자는 원래 그대로의 상태가 유지된다. 하지만 바로 이 점 때문에 곰팡이에 더 취약해졌다. 이 바나나는 처음에는 질병에 대한 훌륭한 저항력이 있었지만 오늘날에는 더 이상 그렇지 못한 상태다. 파나마의 병원균같이 바나나를 전멸시킬 수 있는 곰팡이는 오래전부터 활발하게 유성생식으로 그것도 아주 높은 비율로 증식하고 있다. 지난 200년 남짓한 기간에 이 곰팡이는 유전자를 새롭게 조합함으로써 다수의 돌연변이를 만들어냈다. 이 변이는 곰팡이의 계통을 형성할 정도로 확장되어 바나나의 저항력이라는 성벽을 허물어버리고 말았다. 이는 시장에서 중요한 의미를 갖는 단작(한 농경지에 한 종류의 농작물만을 심어 가꾸는 일_옮긴이)에 정말 큰 문제가 아닐 수 없어서, 식물을 보호하기 위해 화학약품을 엄청나게 사용해야 한다.

맛있는 캐번디시 바나나로는 품종개량을 할 수 없다. 이 품종을 저항력이 더 강한 품종으로 발달시키는 것은 오로지

유전자 이동으로만 실현될 수 있다. 그래서 사람들은 야생 바나나 한 품종의 높은 저항력 특성을 캐번디시 바나나의 유전자 속에 넣어주었다. 하지만 이 바나나는 계속 무성생식으로 열매를 맺기에 이는 한시적 승리일 뿐이다. 물론 이 새로운 품종의 종 특허를 보유한 자에게는 매우 수지 맞는 승리이겠지만 말이다.

덧붙여 말하자면, 씨가 들어 있는 바나나를 고전적인 방법으로 품종개량하는 연구 역시 진행 중이다. 문제는 그 과정에서 우리에게 익숙한 바나나 맛이 사라진다는 것이다. 그러므로 씨앗이 들어 있고, 곰팡이에 대한 저항력이 강하며, 전형적인 바나나 맛을 내는 종을 어딘가에서 발견하거나 품종개량하는 사람은 잭팟을 터뜨리는 것과 마찬가지다. 그는 모르긴 해도 스크루지 맥덕(도널드 덕의 삼촌이자, 디즈니 만화 세계에서 가장 부자인 인물이다_옮긴이)처럼 창고에 돈을 가득 쌓아두게 될 것이다.

요약해보자. 암수의 결합으로 맺어지지 않은 열매는 또 다른 심각한 문제를 내포한다. 열매는 물론 매력적이며 대농장 소유주들의 삶을 달콤하게 만들어주지만, 그 열매의 영원한 젊음이란 오로지 동일한 복제품을 통해서만 얻어진다. 그리고 짧은 시간 안에 그 열매들은 식물보호제나 농약이라는 화장품을 덕지덕지 바르거나 유전자 이동이라는 리프팅 시술을 해야만 그나마 매력 비슷한 걸 유지하는 초조하고 너저분한 존재가 된다.

15

씨앗을 맺지 못하는 꽃이 존재하는 까닭은?

관상용 식물의 사례를 보면 이해가 쉽다. 관상용 식물들은 모든 수술 또는 거의 모든 수술이 꽃잎으로 변형되었다는 점에 착안하여 품종개량이 되었다. 그리하여 장미처럼(다음 페이지 그림 참조) '속이 꽉 찬' 꽃이 생겨난 것이다. 장미는 꽃가루를 만드는 수술이 극소수이거나 전혀 없으며, 외부의 꽃가루를 통한 가루받이 역시 자연 상태에 있는 꽃들처럼 그리 간단하지 않다. 속이 꽉 찬 국화과 꽃들, 예컨대 국화나 옥스아이데이지의 경우는 상황이 더 심각하다. 잘 알다시피 옥스아이데이지 같은 꽃의 흰색 '꽃잎'은 혓바닥처럼 긴 모양의 불임(不姙) 꽃잎이다.

이 꽃잎들은 씨앗을 맺을 수는 있지만 그리 매력적이지는 않은 관상화를 위해 손님을 끌어들여 환대하는 임무를 떠맡았다. 말하자면 얼굴마담인 셈이다. 그러나 얼굴마담만 빙 둘러 서 있을 뿐 손님이 실속을 차릴 게 없다면, 말하자면 가운데 부분까지 설상화로 꽉 들어찬 옥스아이데이지와 같다면 소용이 없다. 애당초 목표가 된 곤충 손님들로서는 꽃에서 아무것도 얻을 게 없다는 의미다. 하지만 다른 고객들이 온다. 그런 꽃을 좋아하는 사람들이다. 어느 꽃집을 가더라도 그런 꽃을 만날 수 있다. 씨앗을 맺지 못하는 꽃은 가루받이 후 곧장 시들어버리는 고약한 습관이 없어서 훨씬 더 오래간다. 화훼 전문가와 꽃 장식을 오랫동안 즐기려는 이들이 깜짝 놀랄 정도로 말이다.

하나의 속(屬)에 포함되는 여러 종을 서로 교배하면 후손을 만드는 능력이 상실되는 일이 발생할 수도 있다. 이는 동물의 품종개량에

서도 알 수 있는데, 예를 들면 노새는 항상 암말을 어머니로, 수나귀를 아버지로 하여 태어난다. 노새가 무척이나 생명력이 강하고 영리한 짐승이라고는 해도 새끼를 배는 것은 극도로 드문 일이다. 그 까닭은 부모의 염색체 쌍의 수가 다르기 때문이다. 암말은 32쌍을, 그리고 수나귀는 31쌍의 염색체를 갖고 있다. 수정 가능한 배아세포를 발달시키기에는 치명적인 장애다. 이와 똑같은 일이 가까운 친척관계인 식물종이 서로 교배될 때에도 일어날 수 있는 것이다.

염색체 세트

기본적으로 식물들은 유성생식을 하는 다른 모든 생명체와 마찬가지로 자기의 거의 모든 세포 내에 이배체를 갖고 있다. 이 두 개의 염색체 가닥은 일종의 경쟁 상태에 있다. 왜냐하면 특정 자질, 예컨대 꽃의 색깔 같은 것은 단 한 번만 주어져 기본적으로 일정하게 유지되기 때문이다. 그런데 이중 염색체가 겹으로 있는 사배체를 지닌 식물들도 있다. 이들 식물은 보통의 이배체를 지닌 같은 종의 식물보다 대개 생명력이 더 강하고 열매도 더 많이 맺는다. 그런 까닭에 이런 식물을 일부러 골라 키우기도 하고 의도적으로 만들기도 한다. 백합목 백합과의 한 속인 콜키쿰(Colchicum autumnale)의 독성분을 콜히친이라 하는데, 이는 수많은 식물에게서 사배체를 유발하기 때문에 그러한 목적으로 사용된다. 이배체와 사배체를 지닌 식물들을 교잡하는 것으로는 품종개량이 거의 불가능하다. 이들 식물로 교배를 하는 경우 열매조차 맺지 못하거나 열매를 맺더라도 생명력이 없는 씨앗이 나오게 된다.

16

우리 집 정원의 식물에서 직접 씨앗을 채취할 수 있을까?

시도해보기를 권한다. 토박이 야생종이라면 아무 문제없이 가능하다. 하지만 대다수 정원에는 이런 식물들이 별로 없다. 개량된 품종이 그 원형의 종(種)에 가까울수록 발아 가능한 씨앗을 얻을 가능성이 크다. 외래종 중에서 자리를 잡은 식물들, 이를테면 아시아에서 온 아름답기 그지없는 리갈백합 같은 것도 씨앗을 풍성하게 맺는다.

가장 먼저 도전해보기 좋은 식물로 두해살이 디기탈리스(Digitalis purpurea)가 있다. 가장 간단한 방법은 유달리 매력적으로 꽃을 피운 데다 무성하게 자란 식물 중 하나를 골라 꽃대를 똑바로 서게 한 다음, 씨앗이 여물었을 때 그 씨앗을 채취하는 것이다. 다들 알고 있는 금잔화, 금어초 또는 니겔라(Nigella damascena) 같은 한해살이 꽃에서도 역시 채종이 아주 잘 이루어진다. 씨앗을 싸고 있는 주머니가 벌어지기 시작하면 나는 늘 씨앗을 모은다. 주머니를 제거한 다음 씨앗은 바람에 말리고 필요한 경우 세척하여 빛이 들지 않도록 봉지나 유리병에 담아둔다. 그리고 다음 해 봄에 파종하는 날까지 그대로 두는 것이다.

4
3
2
1
6
7
5
8
9
11
10

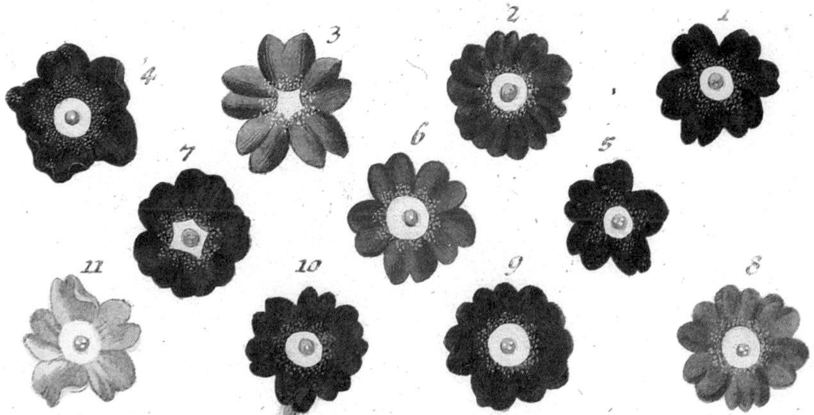

2
3
1
4
7
6
5
11
10
9
8

개량종 원예식물이라고 꼭 불임인 것은 아니다. 하지만 그렇게 얻은 씨앗에서 어떤 특성이 후세대에 나타날지는 룰렛 게임과 마찬가지로 결과를 예측하기 힘들다. 그래서 이따금 풀협죽도나 심지어 유난히 생명력이 강한 장미류, 예컨대 로자 헬레나이(Rosa Helenae)의 후손 크리스티네 헬레네(Christine-Helene) 같은 참으로 멋진 개체들이 발견되기도 한다. 하지만 거기에 기대를 걸 수는 없다.

보다 확실한 길도 있으니, 채소나 관상용 식물의 경우다. 구입할 때 계통보존형 씨앗(씨앗을 심었을 때 부모 종과 유사성이 확연한 후손을 틔우는 씨앗_옮긴이)을 생산하는 식물인지만 확인하면 된다. 이런 식물은 대개 생태 종자 판매소에서 구할 수 있다. 이런 판매소는 쉽게 눈에 띄는 식물 중에서 엄선된 것을 판매하는데, 이런 식물은 여러 세대 동안 씨앗을 통한 증식이 가능하다. 이렇게 하면 사람들이 바라는 특성, 예컨대 꽃의 색깔, 식물의 전체적인 모양, 맛 또는 수확량 같은 것을 그대로 유지할 수 있다.

물론 식물이 자라면서 다양한 형상을 취하는 것은 당연하지만, 그래도 우리는 그 식물이 뭔지 쉽게 알아볼 수 있다. 이들로 하여금 열매를 맺게 한 다음 그 씨앗을 나중에 쓸 종자로 저장해두는 일은 참 간단하다. 한 걸음 더 나아가, 지역 특산종에 뭐가 있는지 두루 살펴본다면, 재배에 아무런 문제가 없으리라 확신하기 위해서는 뭘 심어야 할지도 알 수 있다. 이처럼, 씨앗을 직접 채취한다는 것은 여러 종자 회사에 맞선 독립선언인 동시에 생태적 양심도 순수하게 유지하는 일이 될 것이다.

멘델의 법칙과 F1(잡종 제1대)

씨앗을 뿌릴 때 무슨 일이 일어날지 짐작해보고자 하는 사람은 멘델의 유전학에 관심을 기울여야 할 것이다. 멘델은 1860년대에 식물이 지닌 특징 한 가지, 즉 꽃의 색깔을 집중적으로 관찰함으로써 다음과 같은 유전 법칙을 발견했다.

유전형질이란 한 식물의 염색체 속에 그 식물의 특징을 발현하는 어떤 가능성들이 존재하는지 설명해준다. 발현 형질이란 실제로 살아 있는 식물에서 어떤 특성이 나타나는가를 의미한다.
대립유전자는 염색체 세트 속에 식물의 특징 하나가 암호화되어 자리 잡고 있는 곳이다. 기본적으로 대립유전자라는 표현은 이중 염색체 세트를 쌍으로 관찰할 때 사용한다.

동형접합(순종)이란 하나의 2배체 염색체 세트에서 두 개의 현존 대립유전자가 동일한 형질을 지니고 있음을 말한다. 예컨대 꽃의 색깔이 빨강/빨강이나 흰색/흰색인 경우다.

이형접합(잡종)이란 하나의 2배체 염색체 세트에서 두 개의 현존 대립유전자가 서로 다른 형질을 지니고 있음을 말한다. 예컨대 꽃의 색깔이 빨강/흰색인 경우다.

우성이란 하나의 유전자가 이형접합 식물 안에서 자기 형질을 관철함을 말한다.

열성이란 하나의 유전자가 존재하기는 하나 이형접합 식물 속에서 발현형질로 나타나지 않음을 말한다. 열성유전자는 동형접합인 대립유전자에서만 나타난다.

중간유전(또는 혼합유전)이란 이형접합인 대립유전자에서 형질의 뒤섞임이 나타나는 경우를 말한다. 예컨대 빨강과 흰색의 쌍에서 분홍색 꽃이 나오는 것이다.

P는 부모 세대(라틴어 parentes = 부모)를 가리키는 약자다.

F1은 부모 이후의 첫 세대를 가리키는 약자로, 말하자면 딸이라는 뜻이다(라틴어 filia = 딸)

F2는 부모 이후의 두 번째 세대를 가리키는 약자로, 손(孫)을 의미한다.

그 외 법칙들이 있다.

1. 우열의 법칙
멘델이 동형접합인 빨강 꽃 완두를 동형접합인 흰색 꽃 완두와 교배했을 때 모든 후세대(F1)는 빨강 꽃을 피웠다. 발현형질이 하나로 통일된 것이다. 그러나 빨강 꽃 유전자가 우성이라 여기서는 이 식물의 유전형질이 이형접합이라는 것을 알 수 없다. 어쨌든 부모가 똑같은 비율로 꽃의 색깔에 대한 자기 정보를 자식 세대에 물려주었기 때문이다.
똑같은 시도를 다른 식물로 해보면 이는 더 명백해진다. 동형접합으로 빨강 꽃을 피우는 분꽃과 흰색 꽃을 피우는 분꽃을 사용하면, 잡종 제1대에서는 모두 분홍색 꽃이 핀다. 여기서는 유전형질이 발현형질에 상응한다. 대립유전자도 이형접합이고 색깔도 뒤섞여 있다. 색깔 유전자가 우성이나 열성으로 유전되는 것이 아니라 오히려 중간유전(혼합유전)이 일어나는 것이다.

2. 분리의 법칙
딸 세대인 F1을 서로 교배하면 어떤 현상이 일어날까? F1은 각각 하나의 대립유전자 '흰색'과 '빨강'을 갖는 동일한 유전형질을 지닌다. F2에 대한 새로운 형질 조합은 수학적으로, 그리고 점검을 해본 결과 실제로도 다음과 같이 발생한다. 순종 빨강 25퍼센트, 잡종 50퍼센트, 순종 흰색 25퍼센트.

따라서 우열유전 과정에서 F2 세대의 75퍼센트가 빨강 꽃을 피우고 25퍼센트만 흰색 꽃을 피운다. 이와 달리 중간유전의 경우 발현형질과 유전형질은 다시 함께 쉽게 확인될 수 있다. 25퍼센트는 빨강 꽃을, 50퍼센트는 분홍색 꽃을 피우며, 나머지 25퍼센트에서는 흰색 꽃이 나온다.

이것이 정원과 무슨 관계가 있느냐고? 아주 간단하다. 정원에서 이런저런 시도를 해볼 수 있다는 얘기다. 예를 들어 흰색 꽃만 키우려 한다면, 그저 부모 종이 모두 흰색 꽃이면 된다. 그러면 그 식물은 어떤 경우든 순종이다.

우열유전 과정에서 빨강 꽃의 경우는 상황이 다르다. 여기서는 눈으로 봐서는 그 식물이 순종인지 아닌지 알 수 없다. 그 답을 알려면 열성인 흰색 꽃과 교배를 해봐야 한다.

이 식물이 순종의 빨강 꽃이라면 우열의 법칙에서 말하는 보통의 잡종 제1대(F1) 후손이 나온다. 만약 이 식물이 잡종의 빨강 꽃이라면 F1에서 벌써 흰색 꽃의 후손이, 그것도 50퍼센트까지 나타난다.

꽃과 채소류의 F1 잡종 중에서 파종용으로 종종 판매되는 것들에 대해 말하자면, 여기에는 당연히 멘델의 분리의 법칙이 그 바탕에 깔려 있다. F1이 발현형질상으로는 똑같이 나타나도 유전형질상으로는 당연히 그렇지 않다. F1 잡종의 씨앗을 마당에 뿌리면 여러 가지가 뒤섞여 피어난다. 왜냐하면 꽃의 색깔을 결정하는 확률만이 그 품종에 들어 있는 게 아니기 때문이다. 다른 모든 형질도 마찬가지로 부모 그룹에 의해 정해진다. F1 잡종과는 반대로 계통보존형인 생태적 종자는 완전히 한결같지는 않지만, 그래도 유전형질과 발현형질이 대체로 일치한다.

17

식물에게 말을 걸어 주면 더 잘 자랄까?

이 문제에 대해서는 학자들의 의견이 갈린다. 적어도 실험상으로는 부드러운 말이나 아름다운 음악을 들은 식물들이 통제집단에 비해 번성한다. 다시 말해 모차르트나 비발디의 음악을 들려준 식물들이 그런 것들 없이 재배되는 식물들에 비해 더 번성하는 것이다. 관건은 과연 무엇이 정말 유리한 효과를 만들어내는가다.

식물에게 말을 건넬 때 (말을 건네기로 한다면 날마다 해야 할 것이다) 우리는 이산화탄소를 배출한다. 이는 식물에게 좋은 작용을 한다. 그러니 이것이 성장에 작은 도움이 될 수도 있겠다.

그렇다면 밤에 들려주는 음악은 어떨까? 연구자들은 유리한 음파가 성장을 자극한다고 추측한다. 식물에게 그런 감지 기능이 있음은 분명하다.

무엇보다 아주 확실한 것은, 식물과 이야기를 나누고 그들에게 음악을 들려주는 이라면 자기가 아끼는 초록 친구들의 다른 모든 요구에도 틀림없이 귀 기울였으리라는 사실이다. 예를 들면 물도 때맞춰

주고, 안성맞춤인 자리도 찾아주고, 비료도 알맞게 주었을 것이다. 그런 상황에서 말을 걸어주고 음악을 들려주는 것은 그야말로 화룡점정이다. 아마 '정원사에게 기쁨을 주는 일이 식물에게 해될 리 있으랴'라는 말 그대로인 것이다.

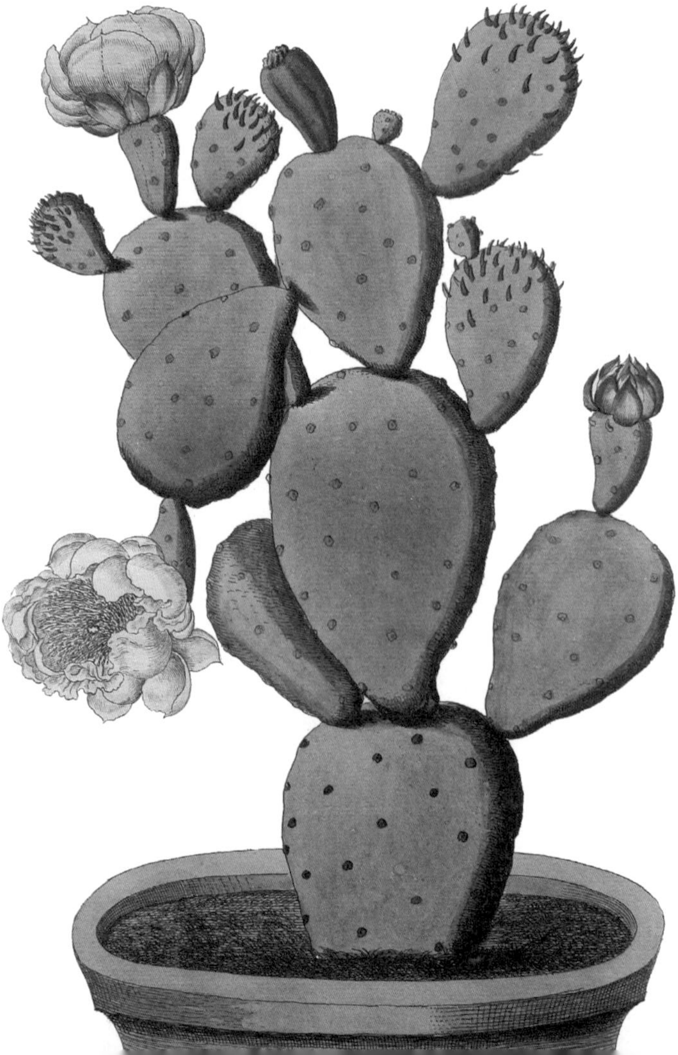

18

바늘과 가시의 차이는 뭘까?

결론적으로 일단 차이는 없다. 둘 다 찌르기는 매한가지니까. 또 그래야만 하기도 한다. 왜냐하면 식물은 원치 않는 손님들과의 접촉을 그런 방식으로 피하기 때문이다. 특히 물과 영양분이라는 자원이 부족해 식물의 생장이 아주 더디게 이루어지는 지역에서는, 이 방어 장치가 식물이 포식자에게 새싹을 빼앗기는 일을 막아준다.

스텝기후 지역 및 사막지대에서 흔히 볼 수 있는 많은 식물들은 잎도 딱딱하지만 그에 더하여 작은 방어 장치까지 있다. 이건 전혀 놀랄 일이 아니다. 가시덩굴의 경우 이 방어 장치, 즉 가시가 버팀목에 제 몸을 걸어 나무 꼭대기까지 올라간 다음 자기가 동경해 마지않던 햇빛에 더 쉽게 다가가기 위한 갈고리로도 쓰인다. 물론 이런 무기를 만드는 재료는 식물 품종에 따라 다르다.

가시는 목질부 싹의 심이 웃자라 만들어진다. 이 가시는 도관 시스템에 단단히 결속되어 있다. 말하자면 작은 곁순과 같은데, 이것이 잎과 꽃이 되는 게 아니라 끝이 뾰족하게 된 것이다. 가시는 쉽게 제

거되지 않는다. 이걸 제거하는 것은 목질부에서 새싹 하나를 완전히 뜯어내는 일과 같다. 가시를 그렇게 뜯어내고 나면 깊은 상처가 남는다(어쨌거나 식물에게는 그러하다). 가시는 이런 일에 대비한 아주 믿을 만하고 튼튼한 방어 장치이기도 하다. 예컨대 가시자두, 피라칸타, 선인장이나 아까시나무에서 이런 가시를 볼 수 있다.

바늘은 목질부 싹의 껍질이 웃자란 것이다. 바늘은 훨씬 더 쉽게 꺾인다. 그럼에도 불구하고 바늘은 대개의 경우 충분히 위협적이어서 식물을 뜯어먹으려는 적을 효과적으로 막아낸다. 이런 면에서 볼 때 식물학의 가장 유명한 오류는 장미다. 장미는 가시를 지니고 있지 않기 때문이다. 대다수 장미가 지니고 있는 것은 바늘이다. 얼마나 다행인가. 왜냐하면 바늘이 아니라 가시라면 안 그래도 찔리고 베이는 정원사와 화훼 전문가들이 훨씬 더 자주 찔리고 베여 상처를 입을 것이기 때문이다. 그러므로 엄밀히 말하면 그 유명한 동화《잠자는 숲속의 미녀》의 주인공은 '가시장미'가 아니라 '바늘장미'에 둘러싸여 있다고 해야 할 것이다.

19

왜 어떤 씨앗은 크고 어떤 씨앗은 작을까?

씨앗의 크기를 결정하는 것은 에너지를 가득 품고 저장된 영양물질의 양이다. 새싹은 며칠 동안 이걸 먹고 자라난다. 그런데 다음과 같은 의문이 생긴다. 새 삶을 시작할 때 자그마한 양분 저장고를 필요로 하는 식물은 어떤 식물인가? 당연한 말이지만, 일단 새싹을 빨리 말라 죽게 만드는 척박한 여러 조건에 처한 모든 식물이 다 그런 걸 하나씩 갖고 있어야 한다.

낙원 같은 세이셸 제도에 우뚝 서 있는 야자수 한 그루의 처지가 되어보자. 우리는 바닷가에서 자라고 있으며 잎 사이로 불어오는 바람을 맞고 산다. 그리고 우리는 열매를 품고 있다. 이 열매들이 바다로 떨어진다. 몸이 그쪽으로 좀 많이 기운 탓이다. 다른 곳에는 우리가 서 있을 자리가 없었다. 아이를 돌보는 부모로서 우리는 뭘 해야 할까? 새끼를 위해 작은 배를 하나 만든 다음 배 안에 젖병을 함께 넣어 주어야 한다. 새로 살아갈 터전을 마련할 때까지 일단 허기라도 채우라고 말이다.

최대 길이 0.5미터에 이르는 이 배가 바로 코코넛이다. 우리는 아이 하나(하나인 경우 배아 무게는 25킬로그램까지 나가도 된다)를 보낼지 아니면 쌍둥이나 세쌍둥이(각각 최하 체중 10킬로그램, 최대 체중 15킬로그램이 될 것이다)를 여행길에 오르게 할지 고민한다. 코코넛에는 씨앗이 보통 한 개 들어 있으나 2-4개까지 들어 있기도 하다. 코코넛에는 그리 많은 저장양분을 담지 못한다. 코코넛은 바다에서 오랫동안 이리저리 떠다니다 마침내 사는 이 별로 없는 작은 섬에 이르러 그곳에 집을 지은 다음 살림살이를 들여놓고 살게 된다.

싹을 틔우는 이런 노력은 길게는 7년까지 걸리며, 매년 우리는 단 하나의 코코넛만을 세상 속으로 내보내기도 한다. 새끼를 돌보는 데에는 비용이 많이 드는 법이다. 아, 내가 부모 식물을 소개한다는 것을 잠시 잊었다. 야자 말이다, 야자. 지금

말한 경우가 바로 세이셸 야자(세이셸 제도에서 자생하는 야자나무로, 코코넛의 크기가 0.5미터에 달한다_옮긴이)다.

다른 어떤 식물은 이렇게 말할지도 모르겠다. 난초과 식물인 나는 양에 승부를 건다. 이곳에서는 생존 여건이 양호하므로 내 씨앗들은 저장양분을 필요로 하지 않는다. 제대로 자리를 잡으면 씨앗에 필요한 모든 것이 넘치도록 있다. 씨앗에게 더 힘든 일은 이 자리까지 오는 것이다. 우리가 사는 곳은 이웃으로 넘쳐나 빈자리 하나 찾기가 쉽지 않기 때문이다. 말하자면 이곳은 복권 추첨통과 같다. 복권을 많이 구입할수록, 그러니까 씨앗을 외부로 많이 내보낼수록 당첨될 가능성이 더 커지는 것이다. 나는 난초과의 식물 대다수가 그렇듯 먼지같이 고운 씨앗을 지니고 있다. 이 씨앗을 대략 백만 개 저울 위에 올리면 바늘이 1그램을 가리킬 정도다. 덧붙여 말하면, 성경에 가장 작은 씨앗으로 언급되는 겨자씨는 우리에 비하면 진짜 무지막지하게 거대한 존재다.

20

왜 어떤 씨앗은 빨리 싹트고 어떤 씨앗은 천천히 싹틀까?

이것은 적응의 문제다. 창밖의 땅이나 빈 땅에 씨를 뿌리면 대다수 정원용 식물들은 대략 2~4주 내에 싹이 튼다. 이들 식물은 대개 여름 한철 동안에 싹을 틔우고 씨앗까지 맺는 생명 사이클을 거치는 한해살이다. 하지만 이런 발아 속도는 온도가 약 섭씨 20도쯤 되고 씨앗을 품은 토양이 촉촉할 때에만 가능하다. 가을에 여무는 씨앗은 온도가 낮으면 발아하지 않고 그대로 있다가, 해가 바뀌어 어느 정도 안정적인 여름 날씨가 되어야 비로소 싹이 튼다.

키 작은 나무나 관목류 같은 다년생 식물들은 종종 온도, 때로는 토양 수분까지 들쭉날쭉하게 이어져야 싹을 틔운다. 그러다 보니 싹트기 과정이 아주 길게 늘어질 수도 있다. 백합류, 예컨대 리갈백합이나 마르타곤백합(다음 페이지 그림 참조)은 때로 한 해 반 동안 그냥 그대로 있다가 싹을 틔우기도 한다. 이 역시 씨앗이 너무 일찍 싹트지 않도록 하는 보안 단계를 거치는 셈이다. 백합류는 금잔화 같은 것보다 더 천천히 자란다. 배아가 한여름에 다 성숙한 뒤 겨울 시점까지 적

b
c

기에 알뿌리 달린 어린 식물로 자라지 못하는 것이다. 그래서 싹을 틔우지 않고 그대로 있는 것이 더 낫다. 서늘한 겨울 온도로 인해 씨앗 속에는 발아 억제 물질이 만들어진다. 모든 게 최적의 상황으로 진행되면 이 씨앗은 이듬해 봄에 싹 틔울 준비를 마치고 대개는 5월부터 자라나기 시작한다.

정원사의 속임수

정원사는 한냉발아체의 싹을 속일 수 있다. 한냉발아체란 추운 겨울철을 지나고 나서야 비로소 싹을 틔우는 식물을 일컫는다. 이런 식물의 싹을 틔우려면 일부러 겨울철과 같은 환경을 만들어주면 된다. 씨앗을 실온에 그대로 두거나 봉지에 담아 냉장고 속에 넣어두어서는 안 되고, 모래 같은 완충 토양층 안에 넣어두는 것이 좋다. 이 모래층 같은 것을 라틴어로 스트라토스(stratos. '층'을 의미한다_옮긴이)라고 하므로, 이렇게 하는 것을 '층 만들어주기(stratifizieren)'라고 부른다. 일단 특정 온도의 패턴이 쭉 이어지는 시간을 지나고, 예컨대 더운 계절에 이어 추운 계절을 보내고 나서야 비로소 싹을 틔우는 씨앗들에게 온기와 냉기를 공급하여 사전처리를 해주는 것이다. 취미로 정원을 가꾸는 대다수 사람들에게는 이것이 까다로운 일일 수 있다. 하지만 종묘상의 전문가들은 이 비법을 잘 활용해 씨앗을 전처리한다. 많은 관목류의 경우에는 꼭 필요한 일이기도 하다. 그렇게 해주어야 싹이 확실하게 트기 때문이다. 관목류 종자를 전문적으로 판매하는 어떤 이는 그렇게 처리한 씨앗에 '황금씨앗'이라는 상표를 붙여 팔기도 하는데, 이런 상품은 구매한 직후에 파종을 해야 한다. 나는 이런 방식으로 화단 전체를 휴케라(Heuchera)와 제라늄으로 벌써 가득 채울 수 있었다. 이렇게 하고 나면 일은 금잔화를 키울 때보다 더 쉽다.

CHAPTER 2
환경이 미치는 영향

21

잘 관리해도 식물이 꽃을 피우지 못하는 이유는 뭘까?

여기에는 여러 가지 원인이 있을 수 있다. 가장 단순한 원인은 식물이 꽃을 피우기에 아직 충분히 성숙하지 않았다는 것이다. 이런 경우는 비교적 수명이 긴 목본류, 예컨대 손수건나무(Davidia)에서 볼 수 있다. 이 나무는 열 살이 되어야 비로소 꽃을 피운다. 어린 다년생 식물(그 자체로 아주 오래 존재할 수 있다)도 때로 2-3년이 지나서야 꽃을 피우기도 한다. 작약류는 일단 새로운 환경에 적응하는 시간을 갖는다. 이 꽃을 살 때는 가을에 비교적 뿌리가 굵은, 그러니까 '뿌리가 드러난' 작약을 선택할 것을 권한다. 그렇게 하면 이 뿌리는 정원에 심은 첫해에 벌써 꽃을 피운다.

식물이 엉뚱한 장소에 있으면, 예를 들어 햇살을 좋아하는 식물이 그늘에 서 있다면 이 식물이 피우는 꽃의 양이 현저하게 줄어든다. 그래서 원추리(Hemerocallis)는 반그늘이나 완전한 그늘에서 더 오래 살아남는다. 때로 이 꽃은 심지어 반그늘 식물로 추천되기도 한다. 하지만 꽃이 피는 양의 측면에서 보면 본디의 가능성에 크게 못 미치거나 잎만 무성하게 자란다. 그러니 식물이 어떤 곳에서 자라야 가장 잘 자랄 수 있는지 꼭 주의를 기울여야 한다.

그다음으로, 심은 첫해에는 생식과는 무관한 영양생장만 하는 식물들이 있다. 말하자면 오로지 이파리 만드는 일에만 온 힘을 다 쏟는 것이다. 이런 식물들은 겨울 한철을 지내면서 일정 기간 얼기도 해야만 비로소 꽃을 피울 수 있다. 이걸 잘 보여주는 좋은 사례가 디기탈리스(그림 참조)다. 이 꽃은 혹독하게 춘화현상(저온을 거쳐야만 꽃을 피우는 것을 말한다_옮긴이)을 겪은 다음에야 멋진 꽃무리를 피워낸다. 그런 까닭에 겨울에 유난히 날씨가 온화했다면 정성스레 심고 온갖 애를 쓰며 가꾸었다 해도 꽃이 피지 않을 수 있다.

몇몇 실내용 식물도 비슷한 행태를 보인다. 예를 들면 큼직한 꽃으로 장관을 연출하는 공작선인장(Epiphyllum)이 그렇다[복잡하지 않은 게발선인장(Schlumbergera)과 혼동해서는 안 된다]. 이 공작선인장은 수많은 다른 선인장과 마찬가지로 겨울철에 서늘하지만 영하로 내려가지는 않는 환한 장소를 필요로 한다. 그래야 초여름쯤에 야외의 반그늘진 곳에서 꽃을 피울 수 있다. 어쩌면 그런 이유로 이 식물은 유행이 좀 지난 것 같다. 안수리움(Anthurium)이나 스파티필룸(Spathiphyllum)처럼 사람들이 무척 좋아하는 식물들도 보기보다 더 복잡해서 특별한 처리를 해주어야만 여러 해 계속해서 꽃을 맺을 수 있다. 이들 식물은 한가운데에 아주 조그맣게 이미 자리 잡고 있던 봉오리만 조금씩 열릴 뿐이다. 한 해 뒤 또 다른 꽃이 더 올라온다면 그건 운이 좋은 경우다.

포인세티아는 꽃이 핀 뒤에 더 쉽게 자라 대개 아주 훌륭한 식물로 발달한다. 그러나 꽃을 피우기 위해서는 몇 주에 걸쳐 해가 나 있는 시간은 짧고(1일 24시간의 주기에서 명기가 암기보다 짧고) 나머지 시간은 정말 어두운 광주기성을 엄격히 유지해주어야 한다. 정원사 실습을 할 때 나는 업무를 시작하는 오전 8시 정각에 포인세티아 여럿을 올려둔 탁자를 덮고 있는 불투명 비닐을 걷었고, 오후 5시에는 그날의 마지막 공식 업무로 다시 꽃을 비닐로 덮어주었다. 매번 기다란 비닐 덮개들 사이로 빈틈이 생기지 않도록, 또 비닐이 찢어지지 않도록 신경을 썼다. 야간에 잠깐만 빛에 노출되는 것조차도 꽃의 형성을 가로막을 수 있기 때문이었다. 그리고 그렇게 열성적으로 일한 덕에 11월부터 정원에 딸린 매장에서 우리 고향땅에서 가장 아름다운 포인세티아를 판매할 수 있었다.

꽃 없는 식물의 마지막 그룹은 '멋진 푸른 잎'을 보려고 키우는 실내용 식물이다. 이들의 경우 화분으로는 충분치 않을 때가 종종 있으며, 꽃이 피는 데 십수 년이 걸리기도 한다. 나는 큰형 부부 집에서 오래된 쉐플레라 하나가 꽃을 피운 것을 보고 놀란 적이 있다. 참 진기한 광경이었다. 그것보다는 가능성이 좀 더 큰 편인데, 몬스테라 꽃을 보기도 한다. 이런 일들은 정말 정원사로서 살아가면서 경험하는 크고 작은 경이로움이 아닐 수 없다.

22

봄에 꽃을 피우는 식물의 잎이 여름에 오그라드는 이유는?

이런 식물의 일부가 중유럽 또는 그곳과 비슷한 기후대의 활엽수림 속에서 야생으로 자란다. 이런 지역에서는 비교적 키 큰 나무들에서 새 잎이 돋아나기 전에는 아직 햇빛이 풍부해 키 작은 식물들이 충분히 여유를 갖고 꽃을 피우고 수정할 수 있다. 예컨대 아네모네 네모로사(Anemone Nemorosa)나 현호색(Corydalis)은 융단을 깔아놓은 듯 피어나는 꽃의 향연을 잘 보여준다. 하지만 나뭇잎이 다 자라고 나면 '숲 속의 키 작은 족속'들에게는 빛의 거의 닿지 않는다. 취할 수 있는 영양분이 더는 없으니 잎도 말라버리고, 잎을 채우던 내용물은 덩이줄기나 알뿌리 속의 저장물로 바뀐다.

비록 다른 원인 때문이기는 하지만, 예컨대 튤립(다음 페이지 그림 참조)도 아주 비슷하게 자란다. 이 식물은 건조한 여름 날씨의 스텝기후 지역에서 야생으로 자라난다. 봄에는 식물이 자랄 수 있는 모든 생장 조건이 다 적합하다. 날씨는 아직 너무 뜨겁지 않고 토양은 적당한 습기를 머금어 식물들이 영양분을 넉넉히 얻을 수 있다. 그런 까닭에 튤립 같은 식물들은 그런 시간을 이용해 봄에 모든 중요한 일들을 처리한다. 생장도 하고, 꽃도 피우고, 알뿌리도 맺고, 에너지를 붙잡아 저장하기도 한다. 그러다가 한여름이 되면 시들어, 영양분을 알뿌리에 저장해놓는다. 그러나 이들 튤립이 피하는 것은 음지가 아니라 오히려 앞으로 들이닥칠 강한 열과 건조함이다. 튤립 알뿌리는 꽃과는 달리 어렵지 않게 이겨내기 때문이다.

튤립을 제대로 키우려면

정원을 가꾸는 많은 사람들에게 튤립을 키우는 것은 어려운 일로 통한다. 묵직한 튤립 알뿌리를 가을에 심으면 멋지게 꽃이 피지만, 그 이듬해에는 이파리 몇 개만 형성되는 것을 너무나 자주 경험하기 때문이다. 왜 이런 일이 일어나는 걸까? 이 식물들이 여름철에 너무 습한 상태로 지냈던 데 이유가 있다. 중유럽 토양이 다 물이 잘 빠지는 것은 아닌 데다 유럽의 기후 여건이 지중해나 스텝기후인 소아시아 지역과는 완전히 다르기 때문이다. 튤립에게 필요한 건 여름철의 건조한 토양과 높은 기온이다. 이걸 가장 잘 통제할 수 있는 방법은, 튤립을 화분에 심은 다음 꽃이 핀 뒤에 구석지지만 가능한 한 햇빛이 잘 드는 장소에 두는 것이다. 그리고 잎은 완전히 말라 거의 저절로 알뿌리에서 떨어져 나올 때에 비로소 제거해주어야 한다. 튤립은 중노동을 하는 꽃이다. 매년 이 식물은 제 알뿌리를 다 먹어치우기 때문에 완전히 새로운 양분 저장고를 만들어야 한다. 그 밖에도 이 식물은 이미 봄에 그 이듬해 봄에 필 꽃과 잎을 만들어놓는다. 수많은 왕성한 튤립 품종은 그것만으로 부족하다는 듯 추가로 작은 알뿌리들을 형성하기도 하는데, 이런 알뿌리들은 아직 꽃을 피우지는 못한다. 하지만 잘 돌보아줄 경우 한 해 뒤에는 우리에게 꽃을 선사하기도 한다. 이제 튤립을 예전과는 다른 눈으로 보면서 봄철 성장기에 적어도 두 번, 그러니까 한 번은 꽃봉오리가 맺힐 때, 또 한 번은 꽃이 막 시들 때 적정량의 액체비료를 주기 바란다.

23

언제쯤 싹을 틔워야 하는지 식물들은 어떻게 알까?

식물은 봄의 적절한 때에 꽃을 피워야 한 해의 번식 시즌을 성공적으로 보낼 수 있다. 그러니까 가루받이는 너무 이르지도 않고 너무 늦지도 않게 꽃봉오리를 벌려 곤충들에게 뷔페 상을 차려줄 수 있는지 여부에 달려 있다는 말이다. 햇빛이 부족한 겨울철이 지난 뒤 따뜻한 날이 며칠만 이어져도, 유독 이른 식물들의 경우 미니어처 꼴로 이미 자리를 잡고 있는 꽃봉오리가 기지개를 펴면서 벌어져버린다. 유럽산수유(Cornus mas)와 유럽개암나무(Corylus avellana)가 그런 사례다.

대다수 과일나무는 꽃이 비교적 늦게, 그러니까 대략 4월이나 5월에 핀다. 이건 아주 좋은 일이기도 하다. 왜냐하면 새로 한 해가 시작되면서 한 주씩 지날 때마다, 꽃을 망치는 냉해의 위험은 일반적으로 줄어들고 곤충들이 충분히 돌아다니며 가루받이를 할 가능성은 올라가기 때문이다. 과일나무는 실제로 낮 시간의 길이를 계산할 수 있다. 빛의 총량은 특정 단백질을 통해 측정된다. 이 단백질은 빛이 작용하면 형성되고 어두울 때에는 분해된다. 그리고 그 양이 충분하면 기온이 충분히 따뜻하다는 조건이 갖추어졌을 때 꽃을 벌어지게 한다. 그러나 이런 시스템에는 함정이 하나 있다. 예컨대 3월에 햇살이 좋다가 영하의 날씨가 여러 날 이어지는 경우가 문제다. 식물은 단백질을 넉넉히 모아두었기에 꽃을 피우려 애를 쓴다. 하지만 뒤늦게 기온이 영하로 떨어지면 꽃은 얼어버리고, 과일 농사꾼은 심각한 어려움에 빠진다. 소득의 상당 부분이 날아가버리기 때문이다.

수선화(다음 페이지 그림 참조) 같은 알뿌리 화초들은 아주 유연한 편이다. 이들은 우선 기온에 반응한다. 대략 10월 초부터 중순까지 알뿌리를 심고 나면 뿌리를 형성할 시간은 충분하다. 그런 다음에는 생장이 멈춘다. 날씨가 추워지고 기온이 영하로 내려가기 때문이다. 이런 영하의 기온 단계를 한 번 거치고 나면 싹이 트기 시작한다. 그런 다음 1월이나 2월에 동장군이 잠깐 휴식을 취해 날이 따뜻해지면 수선화 싹은 엄청나게 빨리 자라나온다. 그러나 온도계의 수은주가 다시 0도 눈금 근처나 그 아래로 내려가자마자 수선화는 이제 더 이상 꼼짝도 하지 않는다. 날씨가 다시 따뜻해지기를 끝까지 기다리며 버티는 것이다. 이때 재미난 점은 수선화 품종마다 싹이 트기 시작하는 시점이 제각각이라는 사실이다. '정상적인' 기상 상태가 여러 해 계속되는 경우, 개화기는 품종별로 3월에서 5월 사이가 된다. 봄철 날씨가 유난히 오랫동안 추우면 개화기가 비교적 이른 품종들의 개화에 제동이 걸리며, 날씨가 4월부터 5월에 걸쳐 더 따뜻해지면 그제야 비로소 모든 수선화들이 꽃을 피운다. 차례로 개화하는 것이나 한꺼번에 개화하는 것이나 둘 다 멋지다.

다른 경우도 있다. 멀리 떨어진 기후대에서 우리네 정원으로 수입된 식물들이다. 이들은 독일의 계절 변화에 적응할 시간적 여유가 없

었다. 이런 경우에는 빛의 양이 비교적 큰 역할을 한다. 장미 품종 중에서 아시아 유래 품종들을 서로 교잡한 것(거의 모두가 비교적 자주 꽃을 피우는 품종이다)은 이따금 한 해의 아주 이른 시점에 싹을 틔우기도 한다. 낮이 점점 더 길어지면 그렇게 되는 것이다. 나는 1월과 2월에 벌써 작은 싹이 올라오는 것을 본 적도 있다. 이런 싹들을 보면 마치 일요일의 재미를 하나도 놓치지 않으려고 일찍 일어나는 어린애들 같다는 생각이 든다. 하지만 영하의 온도는 장미의 새싹에 심각한 손상을 주어 꽃을 전혀 맺지 못하게 하거나 심지어 얼어 죽게 만들 수 있다. 그러므로 가을에는 장미 가지를 너무 깊이 치지 말고, 오히려 봄에 개나리가 꽃을 피우면 그때 작업을 하는 것이 현명하다. 장미는 항상 목질화된 싹 윗부분에서 잎이 올라오기 때문이다. 저 아래쪽은 모든 게 고요한 상태로 남아 있다. 가지치기를 한 뒤에는 대개 모든 일의 타이밍이 맞아 그리 큰 문제는 생기지 않는다.

24

식물들은 시계장치를 내장하고 있는 걸까?

식물은 빛을 통해 낮 동안의 시간 변화를 인식한다. 원칙적으로 여기에는 여러 단백질이 작용하는데, 이것들은 빛이 비칠 때 넉넉하게 만들어져야 한다. 그래야 스위치처럼 특정 과정을 활성화시킬 수 있다. 그 과정이란 주로 밤에 급격히 생장하는 것이나 가루받이에 적합한 곤충을 끌어들이기 위해 꽃봉오리를 벌리는 것 등이다.

수많은 식물이 낮에는 꽃을 피우고 저녁에는 봉오리를 오므리는데, 그렇다고 모든 꽃이 천편일률적으로 같은 시간에 이 활동을 하지는 않는다. 작은 연못을 갖고 있는 사람이라면 알겠지만, 수련은 아침에는 벌어지고 이른 오후쯤 다시 닫힌다. 민들레도 티타임인 늦은 오후 무렵이면 꽃봉오리를 닫는다. 그러나 긴잎달맞이꽃(Oenothera odorata)처럼 개화 리듬이 완전히 다른 식물도 있는데, 이 꽃은 해질 무렵에 비로소 피었다가 그다음 날 오전에 봉오리를 닫는다. 가루받이를 해주는 나방을 목표로 하기 때문이다.

식물은 낮 동안의 시간 변화를 빛 파장의 차이를 감지해 인식한

ES SCHLIESSEN SICH AM NACHMITTAG ·
ES OEFFNEN SICH AM VORMITTAG ·
12
1
2
3
4
5
6
7
8
9
10
11
schließt sich
geht auf
schließt sich
Ringelblume, Calendula arvensis
Felsennelke, Dianthus prolifer
Mauseohr, Hieracium pilosella
Gauchheil, Anagallis arvensis
Wegwarte, Cichorium intybus
Löwenzahn, Taraxacum officinale
Graslilie, Anthericum liliago
Rotes Habichtskraut, Hieracium rubrum
Wunderblume, Mirabilis jalapa
Sauerklee, Oxalis acetosella
Weiße Seerose, Nymphaea alba
Nachtkerze, Oenothera biennis
Roter Pippau, Crepis rubra
Weiße Seerose, Nymphaea alba
Spergularia
Tigerblume, Lilium tigrinum
Gänsedistel, Sonchus oleraceus

다. 이를 빛의 색깔이라고도 하는데, 이 색 온도는 켈빈 값(K)을 통해 측정한다. 아침에는 빛이 불그스름한 것으로 느껴지지만 오전에는 노랗게 되어 켈빈 값은 대략 5,000K에 다다른다. 낮에는 이 값이 5,500K로 올라가며 빛은 더 밝은 노란색이 된다. 반면 저녁이 될수록 색깔 및 온도 측정치는 다시 오전 수준으로 내려간다. 하늘이 구름으로 덮여 있으면 햇빛은 온냉의 성질과 관계가 없고 중성적이라 느껴지며(대략 6,500K에서 7,500K), 구름에 가려진 햇빛이나 구름 없는 겨울 하늘은 차갑게, 그러니까 푸르스름한 색깔로 나타난다.

식물은 이런 차이를 분별할 수 있다. 이는 실질적으로 식물의 개화 시기를 억누르기도 하고 촉진하기도 하는 관련 단백질들의 형성과 분해가 상호작용을 함으로써 가능한 일이다. 식물은 이 모든 일을 스위스제 시계도 없이 해내는 것이다!

린네가 만든 꽃시계(앞 페이지 그림 참조)를 보면 몇몇 꽃이 언제 벌어지고 언제 닫히는지를 알 수 있다.

25

식물들을 함께 모아 키우면 더 잘 자랄까?

대다수 식물은 사교적이다. 자기에게 필요한 물과 영양분 및 빛을 충분히 얻을 수 있는 한 이웃의 존재를 성가셔하지 않는다. 오히려 그 반대다. 다른 식물이 비교적 빽빽하게 땅을 덮고 있으면 토양이 그 그늘을 통해 어느 정도 균형 잡힌 습도를 유지할 수 있기 때문이다. 토양 온도는 그 변동 폭이 크지 않으며, 식물이 사방으로 물기를 증발시키면 식어 내려가는 기온 역시 큰 폭으로 변화하지 않는다.

그렇다고 모든 개체가 전부 서로 좋은 이웃 관계를 맺을 수 있는 것은 아니다. 예컨대 채소의 경우 어떤 것들이 서로에게 우호적인 영향을 주고 어떤 것들이 함께 지낼 수 없는지, 우리는 풍부한 경험으로 알고 있다. 추측컨대 식물들이 내뿜는 향기 요소와 뿌리 분비물이 우호관계 또는 적대관계의 원인일 것이다. 만일 혼합재배를 하겠다면, 서로를 북돋아주거나 적어도 서로에게 중립적인 식물들끼리 나란히 심어야 한다.

여기에 십여 종의 채소류와 그들 상호 간의 텃밭 내 상생-상극 관계를 제시한다(표 참조).

아주 독불장군 같은 식물도 있다. 예컨대 향쑥 옆에 서 있는 거의 모든 식물은 자라면서 그 쑥으로부터 멀리 떨어지려 한다. 향쑥은 꽤나 극단적인 성격 같다. 다만 관찰한 바에 따르면 블랙커런트만은 향

	서로 도움을 주는 좋은 이웃	서로 비우호적인 이웃
콩	세이버리(savoury), 딸기, 오이, 배추, 양상추, 비트, 셀러리, 토마토	완두, 회향, 마늘, 코끼리마늘, 양파
완두	딜, 회향, 오이, 배추, 양상추, 당근, 적환무, 주키니호박	콩, 감자, 마늘, 코끼리마늘, 토마토, 양파
딸기(채소는 아니나 텃밭의 필수 식물이다)	보리지(borage), 콩, 마늘, 코끼리마늘, 골파, 양상추, 시금치, 양파	배추
오이	콩, 딜, 완두, 회향, 배추, 양상추, 코끼리마늘, 비트, 셀러리, 양파	적환무, 토마토
감자	누에콩, 한련, 배추, 페퍼민트, 시금치	완두, 호박, 비트, 셀러리, 토마토, 해바라기
배추류(콜라비는 비교적 사교적이며 몇몇 까다로운 이웃과도 잘 어울린다)	콩, 딜, 완두, 감자, 양상추, 코끼리마늘, 근대, 비트, 셀러리, 시금치, 토마토	딸기, 겨자, 마늘, 양파
코끼리마늘	딸기, 배추, 양상추, 당근, 쇠채, 셀러리, 토마토	콩, 완두, 비트
근대	콩, 배추, 당근, 적환무, 무	* 근대는 어떤 식물과도 서로 다투지 않는다.
당근	딜, 완두, 마늘, 코끼리마늘, 근대, 적환무, 무, 골파, 양상추, 쇠채, 토마토, 양파	* 당근도 평화로운 이웃이지만, 양파 옆에서 특히 즐겁게 지낸다.
양상추(잎상추는 양상추보다 훨씬 단순하여 어떤 채소와도 잘 지낸다)	콩, 딜, 완두, 회향, 오이, 배추, 코끼리마늘, 당근, 비트, 토마토, 양파	파슬리, 셀러리
토마토(토마토와 바질은 텃밭에서도 화목한 한 쌍이다)	콩, 배추, 양상추, 코끼리마늘, 당근, 무, 비트, 셀러리, 시금치	완두, 회향, 감자
양파	세이버리, 딜, 딸기, 오이, 양상추, 당근, 비트, 쇠채	콩, 완두, 배추

쑥 옆에서도 꽤나 느긋하게 견딘다. 향쑥처럼 속 좁은 녀석이 호두나무다. 이 나무 아래나 옆에서는 잘 자라는 식물이 거의 없다. 이 두 식물은 다른 식물에게 유해한 물질을 퍼뜨려 제 주변을 아주 고집스레 텅 빈 상태로 유지한다.

26

가을이 되면 잎들은 왜 색이 변할까?

식물은 해가 짧아진다는 것을 알아차린다. 일광량이 늘어나는 것을 아는 것과 마찬가지로 낮의 길이가 줄어드는 것도 안다. 이번에도 역시 단백질 하나가 시계가 몇 시를 가리키는지 알려주고 광합성 활동을 그 이전 상태로 되돌리게 한다. 식물의 녹색 색소인 엽록소(식물은 이 엽록소와 빛에너지로 당을 합성한다)는 가을에 분해된다. 식물은 기본적으로 그 무엇도 그냥 버리지 않으므로, 이 녹색의 엽록소 알갱이가 분해되면 그 내용물은 나무껍질로 가서 저장된다. 지배적 색소인 '녹색'이 자리를 비우고 나면 다른 색소들이 나타나는데, 그것들은 사실 이미 항상 그곳에 있던 색소다. 대표적인 것이 카로티노이드다. 빨강과 노랑의 빛을 발산하는 마지막 '떨이' 색소인데, 이른바 저 찬란한 '인디안 서머'라는 끝내주는 가을 날씨를 만드는 색소이기도 하다.

하지만 이런 장관은 식물들이 아직 엽록소를 다른 저장 공간으로 이동시키는 일을 하고 있을 동안에만 이어진다. 늦어도 첫 서리가 내리고 나면 잎으로 통하는 관다발이 닫혀 알록달록하거나 이미 갈색이 되어버린 잎들은 떨어진다. 물론 몇몇 나무 품종, 예컨대 특정 참나무나 유럽서어나무는 잎을 떨어뜨리려면 격렬한 폭풍우의 도움 정도는 받아야 한다.

재활용이 이것으로 끝나는 것은 아니다. 토양의 낙엽은 비, 눈 및 얼음에 의해 큼직하게 쪼개진다. 그러면 토양 내 크고 작은 유기체들이 이를 다시 분해하여 양분으로 삼아 살아간다. 그렇게 함으로써 부차적으로 토양의 영양분 보유량을 다시 채워 넣는다.

온대에서 자라는 활엽수는 매년 잎을 떨어뜨리는데, 이는 해당 품종을 보호하는 기능을 한다. 가을에도 잎은 많은 양의 물을 증발시키지만 영하의 날씨에는 같은 양의 물을 상시 조달할 수 없다. 그래서 단풍나무, 너도밤나무 등 속은 잎을 떨어뜨림으로써 말라 죽는 일을 피한다.

상록의 상태로 겨울을 나는 식물들은 가을에 낙엽을 떨구는 식물들보다 잎이 훨씬 더 단단하다. 밀랍 같은 물질이 잎을 한 겹 덮고 있어서 수분 증발을 줄여주기도 한다. 이는 활엽수뿐만 아니라 모든 침엽수(잎이 대개 바늘같이 뾰족하고 솔방울 같은 열매가 달리는 나무_옮긴이)에도 해당된다. 다만 연한 침엽이 나서 낙엽이 지는 잎갈나무는 제외된다.

상록수도 토양 속에서 최소량의 물을 구할 수 있어야 한다. 상록활엽수가, 이를테면 토양이 얼어붙어서 물을 더 이상 흡수하지 못하면 또 다른 긴축 조치를 실시한다. 잎을 돌돌 말아 오그라들게 함으로써 증발 표면적을 줄이는 것이다. 예컨대 진달래는 이런 전략으로 대개 다시 날씨가 풀려 수분을 흡수할 수 있을 때까지 한고비를 넘길 수 있다.

당신의 정원에 이런 식물이 있다면 날씨가 풀릴 때 이들에게 충분한 물이 공급되도록 신경을 쓰는 것이 좋다. 강우량만으로 넉넉지 않다면 여름철처럼 물뿌리개를 동원해야 한다. 그렇지 않으면 이른바 '토양 동결에 의한 건조 피해'를 당하는 수가 있다.

27

식물들은 서로 소통할 수 있을까?

식물은 어떻게 제 몸을 지킬 수 있을까? 이 질문에 대한 답은 폴커 아르츠트(Volker Arzt)의 《영리한 식물들(Kluge Pflanze)》이라는, 읽어볼 가치가 충분한 책의 내용을 빌려 대신하고 싶다. 이 책에는 한 보고서에 대한 소개가 실려 있다. 이는 사막에서 야생으로 자라는 담배에 관한 것이다. 이 식물은 진정한 개척자로, 척박한 환경에도 불구하고 싱싱한 잎을 틔워낸다. 잎은 자신을 갉아먹는 애벌레 같은 적들에게 노출되어 있다. 이 식물은 어릴 때부터 이미 애벌레의 표적이 된다. 키 작은 담배는 일단 이 상황을 감수하지 않을 도리가 없다.

이 담배가 첫 번째 방어 조치를 취하기 위해서는 이런 공격자극이 먼저 있어야 했다. 공격자극을 받고 난 다음 독성물질을 만들어낸 것이다. 이렇게 해서 탄생한 것이 가장 강력한 독극물 중 하나인 니코틴이다. 애벌레들은 두 번째 공격에서 잎을 갉아 먹다가 뭔가 문제가 있다는 것을 알아챘다. 그 독극물 맛을 본 것이다. 애벌레들도 그걸 먹고 중독될 정도로 멍청하지는 않아서 잎을 건드리지 않고 내버려두게 된다.

그런데 니코틴에 꿈쩍도 하지 않는 다른 애벌레 품종이 우연히 이 담배와 맞닥뜨린다. 담배는 이제 죽을 날만 기다리는 것 같다. 하지만 보이기만 그럴 뿐이다. 담배는 이제 아무런 쓸모없는 니코틴 생산을 중단하고 일종의 소화 장애를 일으키는 성분으로 잎을 채워나간다. 그렇게 시간을 버는 것이다. 그러면 애벌레는 일단 잎을 갉아먹는 행위를 중단해야 하기 때문이다. 그런 다음 이제 담배는 기마부대를 불러들인다.

담배가 사용하는 텔레그램은 향기 메신저다. 담배가 만들어 내뿜는 향기물질은 아주 작은 빈대들을 향해 날아간다. 향기에 유혹되어 다가온 빈대들이 애벌레들을 발견하고는 신이 나서 잡아먹는다. 이 빈대는 니코틴에 저항력이 있는 애벌레 종류를 먹고 사는 존재인 것이다.

이 모든 것에서 제기되는 거대한 질문이 있다. 담배는 어떻게 처음의 애벌레를 독극물로 물리쳐야 하는지, 또 그다음 애벌레를 지원군을 이용해 퇴치해야 하는지 알 수 있었을까? 여러 애벌레가 분비하는 침액은 그 조성이 서로 다르다. 그리고 이런 차이가 식물들에게 어느 단추를 눌러야 하는지 알려주는 신호처럼 기능한다. 담배는 항상 애벌레들의 첫 번째 공격에 잎이 갉아 먹히는 손해를 입지만, 장기적인 시각에서 보면 그 방어 전략은 최고로 효과적이다. 정말 경이롭지 않은가.

이런 책을 접하면 나는 깊은 사색에 잠긴다. 폴커 아르츠트가 철두철미하고도 엄정한 작업으로 이 책에서 보여준 것은 사실 식물과 그 주변 환경이 상호작용을 한다는 하나의 실례일 뿐이다. 우리가 살

아가는 이 세상의 다른 모든 생명체가 우리에게 감춰진 그 어떤 방식으로 의사소통을 하는지 우리는 짐작조차 하지 못한다. 그러니 진화가 지구상 최대의 신비로운 매력이 아니겠는가. 그 어떤 시인, 어떤 신화의 작가도 그런 이야기를 창작하지는 못할 것이다.

CHAPTER 3

다양한 식물들

28

다른 식물들을 죽이는 식물이 존재할까?

모든 식물이 평화를 애호한다는 동화 같은 이야기를 믿으시는가? 그렇게 보일 뿐이다. 식물들은 끊임없는 경쟁으로 햇빛, 물, 영양분 또는 많든 적든 자기들에게 따라붙는 가루받이 곤충 등을 확보하려 하는데, 그들 중에는 다른 식물이 가진 것을 주저 않고 빼앗아버리는 '어둠의 친구들'도 있다.

이는 인간적 혹은 윤리적 관점에서 보면 당연히 비난받을 짓이다. 하지만 생명체로 북적거리는 자연은 윤리라는 것을 알지 못하고 생존의 법칙만 따를 뿐이다. 그래서 식물 세계에서도 단연코 남의 목숨을 바탕으로 살아가는 몇몇 생명 형태가 발달했다.

양담쟁이(그림 참조)를 모르는 사람은 없다. 이 식물이 세상에 모습을 드러낸 것은 인간의 집, 담장 또는 벽이라는 것이 아직 없던 때였다. 그런데도 양담쟁이는 적어도 자신의 오랜 청춘기 동안에 튼튼한 목질 구조를 전혀 갖고 있지 않았다. 물론 이 식물은 숲 바닥의 많지 않은 햇빛으로도 만족할 수 있지만, 그래도 햇빛을 가능한 한 많이 받아들이려 한다. 말하자면 성장 속도에 희망을 걸어, 잎을 가능한 한 많이 만들려는 것이다. 양담쟁이는 그런 식으로 처음에는 일단 바닥에서 산다. 그러다 장애물을 만나면 그 장애물을 올라타고 자랄 뿐 아니라 뿌리로 그 장애물을 단단히 움켜쥔다. 그런 뒤에 몇몇 싹의 생장 방향을 더 이상 수평으로 이어지게 하는 것이 아니라 위쪽을 향하게 한다. 숲속의 나무 한 그루가 이런 장애물이라면 그 나무는 양담쟁이를 받쳐주는 지주가 된다. 이렇게 해도 한동안은 별일이 없다. 하지만 이 거미원숭이(꼬리와 긴 두 손으로 나무를 잘 타는 원숭이_옮긴이) 같은 양담쟁이는 점점 더 뿌리를 발달시키고 심지어 겨울에도 푸른 잎을 많이 키워내 자신을 지탱해주는 잎 떨어진 지주목의 줄기와 가지를 뒤덮는다. 이뿐 아니라 그 나무의 수관 영역 속으로까지 파고든다. 이렇게 되면 튼튼한 나무도 결국에는 쓰러지고 만다. 양담쟁이로서는 자기를 지탱해주는 나무가 죽든 말든 상관없다. 자기 때문에 죽은 나무에 기대어 오랫동안 더 살아갈 수 있기 때문이다. 또 빛이 드는 곳에서는 안정적인 가지를 아주 놀라운 방식으로 발달시켜 꽃과 열매를 충분히 똑바로 달고 있을 수 있다.

이보다 더 무자비한 식물로는 독일에 관상용으로 보급된 노박덩굴(Celastrus)이 있다. 이 식물은 양담쟁이보다 더 급속히 생장하며 마찬가지로 겨울에도 잎이 푸르다. 특히 어린나무나 그리 튼튼하게 생장하지 않는 나무 품종(대개 유실수나 관상용 나무류)은 아주 제대로 점령당하고 만다. 이 넝쿨식물은 비대생장(뿌리와 줄기가 수평으로 굵어지는 생장으로 2차 생장을 말한다_옮긴이)이 눈에 띌 정도로 급속히 진행되며, 지주목과 그 도관이 막혀 질식해 죽어버릴 정도로 아주 단단하고도 가까이 밀착되기도 한다.

다른 식물에 빌붙어 사는 기생 식물도 있다. 이들은 숙주식물의 관다발에 달라붙어 물은 물론 동화작용으로 마련된 영양분까지 빨아먹는다. 예쁜 겨우살이는 이른바 반기생식물(半寄生植物)의 하나다. 이들은 물만 빨아먹는데, 뿌리에서부터 수관까지 물을 전달하는 일을 주로 맡고 있는 물관부에만 빨대를 꽂기 때문이다. 이 겨우살이는 마치 지주목 수관을 모방이라도 한 듯한 또 다른 수관 하나를 만든다. 어쨌든 푸른 잎을 만들어 스스로 광합성을 하는 것이다. 다만 그 광합성으로 겨우살이만 덕을 볼 뿐 지주목은 아무 덕도 보지 못한다. 지탱을 해주는 나무는 비록 세가 약해질 수는 있지만 그래도 겨우살이의 점령이 너무 강력하지만 않으면 말라 죽는 경우는 드물다.

전기생식물(全寄生植物)의 경우는 상황이 완전히 다르다. 이런 식물은 광합성으로 스스로 에너지를 물질로 변환시킬 능력이 없다. 메꽃과의 새삼(Cuscuta)이 그런 경우다. 이들은 다른 식물의 모든 관에 빨대를 꽂아 살아가며 물, 그리고 이미 숙주식물이 광합성으로 만들어 놓은 당을 빼앗아 먹는다. 숙주식물은 셀프서비스 가게가 되는 셈이다. 이들 기생 식물이 지닌 강점은 덩굴식물 특유의 탁월한 생장능력이다. 몇 주 만에 이들은 숙주식물 전체를 뒤덮어버릴 수 있다. 다행히 새삼은 특정 숙주에 특화되어 있어서 대다수 정원에서는 잘 볼 수 없다.

내가 견습 정원사로서 어느 온실에서 일하던 시절, 이 진기한 식물이 제라늄 사이로 널리 퍼지던 것을 생생히 기억한다. 이를 해결하기 위해 불려온 마이스터 선생님은 새삼의 덩굴손을 전부 다 뜯어내고 이들이 달라붙어 있던 예쁜 제라늄을 가능한 한 많이 잘라내 새삼을 없애버리는 일을 내게 맡겼다. 나는 새삼의 뿌리를 찾을 수 없었다. 어차피 뿌리는 없었던 것이다. 그렇게 뜯어낸 것은 따로 대팻밥 바구니에 담아 바구니째 불에 태워버렸다. 좀처럼 부딪히기 어려운 까다로운 일이었다. 숙주가 되었던 제라늄은 격리시설로 보내 계속 꼼꼼히 관리했다. 이후 다른 새삼이 더 이상 나타나지 않은 걸로 보아 내가 일을 아주 철저히 처리한 것이 틀림없다.

29

왜 식용 열매도 있고 독성 열매도 있을까?

독성이 있다는 건 무슨 의미일까? 일단은 인간의 입장에서 이 말을 살펴보자. 어떤 물질에 독성이 있다는 것은 그 물질을 접촉하거나 일정량 이상 먹었을 때 좋지 않은 결과가 나타난다는 말로, 그 결과는 배가 아프고 토할 것 같은 상태부터 심정지에 이를 수 있다. 하지만 모든 식물이 우리를 탈나게 하는 것은 아니며, 오히려 맛있는 자신의 열매를 기꺼이 제공한다. 우리로 하여금 자기 종을 퍼뜨리게 하기 위해서다.

우리는 사과를 먹으면 그 과정에서 씨앗을 함께 삼키기도 한다. 그리고 계속 자연계를 돌아다닌다. 그러다 어느 곳에 쪼그려 앉아 인간이 기본적으로 혼자 해결해야 할 일을 해낸다. 이러한 협력관계가 생겨나고 이를 통해 온갖 결과가 나왔던 시절은 아직 수세식 화장실과 폐쇄식 하수 시스템이 개발되기 전이었으므로, 모든 것의 최종 종착지는 토양이었다. 말하자면 식물의 씨앗이 배변 활동을 통해 바깥으로 나와서 냄새나는 환경 속에 안착했던 것이다. 어쨌든 다른 퇴비도

함께 공급되었으니 말이다. 이것이야말로 서로 윈윈하는 상황이다.

그런데 이 모든 일이 원만하게 진행되려면 과일이 익어야 한다. 과일이 익지 않은 상태, 즉 그 속에 들어 있는 씨앗이 아직 완전히 형성되지 않은 상태면, 이 과일은 우리 같은 욕심 많은 심부름꾼에게 매력적으로 보여서는 안 된다. 여기에도 식물들의 다양한 전략이 존재한다. 어떤 식물들의 경우 덜 익은 과일은 맛이 없거나 시거나 딱딱하다. 그런 과일을 맛보면 누구든 알아서 뱉어낸다. 이 경고를 흘려듣는 이는 대개 설사라는 응징을 받음으로써 자기 잘못을 알아차리게 된다. 하지만 그런 실수를 했을 때 뭔가를 알아차릴 기회를 전혀 주지 않는 식물들도 있다. 토마토가 그런 예인데, 아직 충분히 익지 않은 토마토는 꽤나 독성이 강해 먹었다가는 죽을 수도 있다.

과일은 아직 익지 않았을 때 우리 눈을 피하는 전략을 쓰는 반면, 잘 익은 뒤에는 유혹하는 전략으로 바꾼다. 잘 익은 과실은 저항할 수 없는 향기를 내뿜는다. 할인매장에 덜 익은 채 대량으로 나와 있는 과일이 아니라 정말 제대로 익은 사과나 딸기가 그렇다는 것이다. 그런 향기를 맡으면 우리는 주로 반짝일 듯 빨갛거나 찬란한 노란 빛깔로 유혹하는 맛있는 과일을 떠올린다. 우리 인간이란 결국 시각적인 동물이며 태초부터 먹을 수 있는 것을 찾아 주변을 스캔해왔기 때문이다. 아직 익지 않은 푸릇푸릇한 과일은 먹을 것를 구하다 그 위로 넘어지는 일이 없다면 일단 우리 눈에 잘 들어오지 않는다.

그러나 이 모든 것에는 함정이 있다. 아주 맛있어 보이지만 한번 맛보면 그것이 이 세상 마지막 식사가 될 열매도 있기 때문이다. 예컨대 벨라돈나풀(앞 페이지 그림 참조)이 그렇다. 이 풀의 까만 열매는 사람이 먹을 수 있는 게 아니다. 독성에도 끄떡없는 새들의 몫이다.

30

식물마다 꽃 피는 때가 제각각인 까닭은?

식물이 꽃을 피우는 것은 우리가 사는 세상을 아름답게 꾸며주기 위해서일까? 당연히 그렇지 않다. 그들이 꽃을 피우는 것은 씨앗을 만들기 위해서이며, 그렇게 함으로써 자기 종을 유지할 수 있기 때문이다. 따라서 대개의 식물에게 가장 민감한 기관인 꽃은 가장 적절한 시점에 피지 않으면 안 된다. 구체적으로는 알맞은 가루받이 곤충이 날아오거나 기어와서 꽃의 수정이 이루어진 다음, 열매가 있거나 없는 씨앗이 맺힐 만큼 충분히 시간이 있어야 한다는 뜻이다.

열대지방은 낮과 밤의 길이가 대략 비슷하며 기온과 강수량도 충분히 지속적이므로, 이런 곳에서는 식물이 한 해 중에 정확히 언제 꽃을 피워야 하는가는 거의 문제가 되지 않는다. 그래서 우림지역의 열대식물은 대체로 계절과 무관하게 꽃을 피운다. 반면 극지나 건조기후 지역으로 갈수록 식물이 종을 유지하기 위해 신경 써야 하는 시간표는 점점 더 촘촘해진다.

이들 식물은 자기가 사는 지역에 치열하게 적응해야 했으며 살아가는 데 적대적인 기간은 피해야 했다. 대다수 유럽 식물은 봄이나 여름에 꽃을 피운다. 그 외 몇몇 소수의 식물은 대개 초봄에 꽃을 피움으로써 시간의 틈새를 이용하는 데 성공했다. 초원에서는 크로커스(그림 참조)나 앵초 같은 식물이 가장 먼저 꽃을 피우는 무리의 일종이다. 더 힘이 세거나 더 크게 자라는 종에 몰려날 때면 이들은 이미 씨앗 만들기를 적기에 끝낸 뒤다. 그러나 여름에 꽃을 피우는 종들에게도 가을까지 시간은 충분히 있으므로 씨앗을 다 여물게 하는 데는 어려움이 없다.

눈에 띄는 점은, 7월 중순이나 말부터 비로소 꽃을 피우는 수많은 관상용 식물들은 먼 나라에서 도입된 외래종이라는 사실이다. 이들의 원산지에서는 가을이 더 오랫동안 온화해서 영하의 날씨가 더 늦게 시작되든지, 아니면 이들이 대단한 속성 씨앗공장이든지 둘 중 하나다. 어쨌든 이들 식물의 씨앗이 이곳에서 충분히 여물지 못했는데 얼음이 얼기 시작하는 경우도 생길 수 있다. 이런 일은 품종을 보존하는 데에는 도움이 되지 않지만, 그렇다고 이들 식물이 무조건 정원과 공원을 떠나야 하는 것은 아니다.

관상용으로 들여온, 늦은 시기에 아주 풍성하게 꽃을 피우는 품종들이 씨앗을 너무 빨리 형성하는 것은 문제가 된다. 부들레야(Buddleja davidii)나 미역취(Solidago)는 우리 눈을 기쁘게 해줄 뿐만 아니라 가을까지 돌아다니느라 바쁜 곤충들의 배도 채워준다. 그리하여 다시 기분 좋게 수정되어 씨앗을 형성한다. 게다가 이 씨앗은 이곳 독일 땅에서도 싹을 아주 잘 틔운다. 하지만 이 식물이 꽃을 유독 늦게 피우는 덕분에 (비록 증식률이 그리 높지는 않다지만) 틈새 하나를 차지하는 데 성공함으로써 이미 수백만 년 전부터 이곳에 토박이로 살아온 품종들을 몰아내는 게 문제다.

생태계에는 이렇게 밀려나는 식물들만이 아니라 그 식물들에 특화된 가루받이 곤충들 그리고 그 식물을 먹이로 삼는 적들도 함께 살아가고 있다. 특히 가루받이 곤충들은 새로 이주해 온 식물 품종들과는 관계를 맺지 않으려 하고 맺지도 못한다. 생태계를 훼방 놓지 않으려면 모든 의식 있는 정원사가 나서서 이런 외래종 식물들의 씨앗이 성숙하지 못하도록 해야 하며, 진 꽃은 지체하지 말고 잘라주어야 한다. '제대로 된' 정원사는 이런 식으로 환경에 긍정적인 영향을 줄 수 있다.

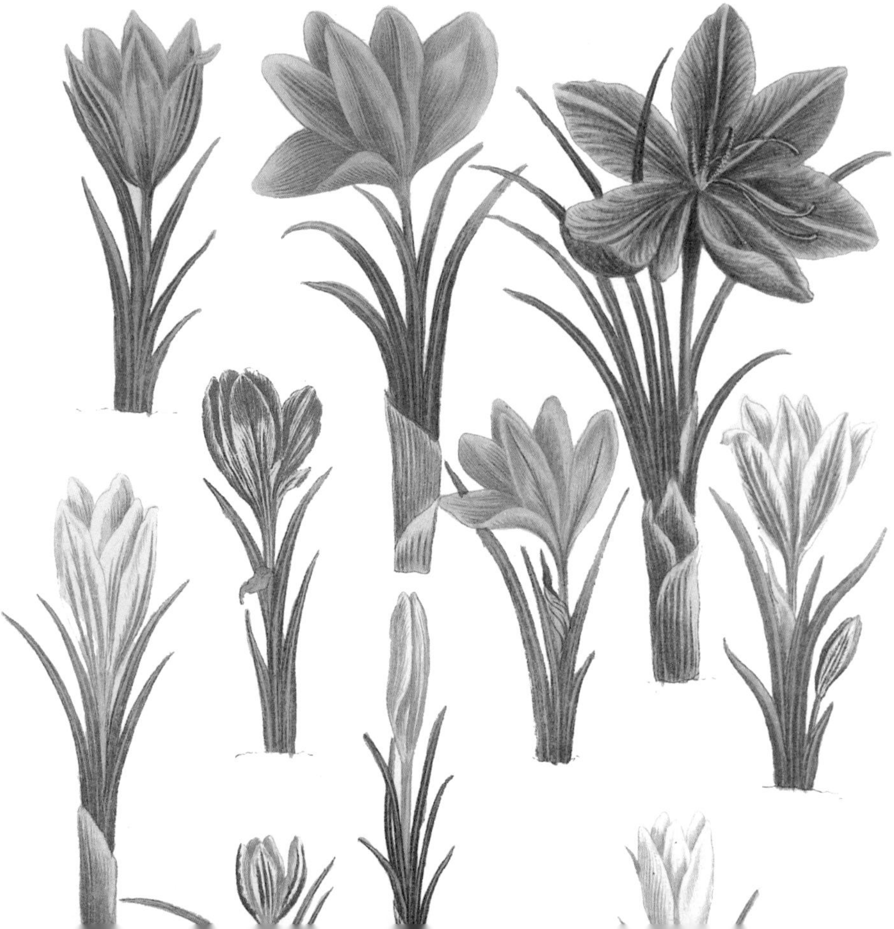

31

잡초는 모두 뽑아버려야 하는 것일까?

이 질문에 답하기 전에 먼저 unkraut('잡초'에 해당하는 독어 단어_옮긴이)란 과연 무엇인가 생각해봐야 한다. 이 말은 등줄기에 소름이 돋게 만든다. 왜냐하면 'un-'이라는 접두사는 뒤따르는 말의 의미를 대개 반대로 뒤바꿔버리기 때문이다. 그러나 kraut('풀'이나 '약초'의 뜻으로 쓰이는 독어 단어)는 그냥 kraut이며, 따라서 kraut 아닌 것이나 unkraut일 수 없다. 이는 불가능(un-möglich)하며, 못 들어본(un-erhört) 일이다.

언어 및 철학 분야로 잠깐 소풍을 다녀왔으니 이제 내용적인 답변을 시도해보자. 잡초란 특정 장소에서 자라는 식물로, 그 땅의 소유자인 인간이 결코 원하지 않는 존재다. 엄밀히 말하면 아름답기 그지없는 장미도 옥수수밭에서 자라면 잡초다. 수레국화와 옥스아이데이지도 곡물 농사를 짓는 사람의 시각에서 보면 그냥 잡초다. 하지만 어떤 잡초가 마음에 든다면 그 모습을 기쁜 마음으로 바라보며 기꺼이 대충 넘겨버리기도 한다. 우리에게 더 중요한 실용 작물의 수확이 좀 덜 돼도 아랑곳하지 않는 것이다. 오락가락 만세다. 이런 오락가락은 사람을 참으로 호의적인 존재로 만들어준다.

정원에서도 잡초는 우리의 손길과 무관하게 자리를 잡은, 우리가 원하지 않는 식물이다. 그러나 그 잡초가 예컨대 매발톱, 디기탈리스 또는 뿔제비꽃일 때 우리 머릿속의 경계선은 얼마나 유동적인가? 가장 멋진 정원이라고 해도 건축 도면처럼 제도판 위에서 설계될 필요는 없다. 뜨내기 식물들이 영감을 주기도 하기 때문이다. 나 자신도 이미 그런 영감을 받아 몇 번 정원 식물을 완전히 옮겨 심은 적이 있다. 어린 부랑자 식물에게 더 많이 뻗어 나갈 공간을 제공하기 위해서였다. 내가 사는 집 옥상 테라스에 장미 화분이 있는데, 거기서 자라는 긴잎달맞이꽃도 나는 가슴이 아파 뽑아버리지 못한다(옮겨 심을 수는 없다. 그렇게 하면 대개 제대로 자라지 못하기 때문이다). 그러고 나면 그곳에 서서 장미에게 미안하다며 참아달라고 부탁하지 않을 수 없다. 긴잎달맞이꽃이 너무 멋지게 피어서 그 씨앗을 받을 수 있을 때까지 기다려야 하기 때문이다. 그래야 그 씨앗을 이듬해에 온갖 원예 원칙에 따라 파종하고 그 꽃을 각각의 (적어도 6개의) 화분에 심을 수 있다. 그때까지 화분 속의 장미는 견뎌야만 한다.

'진짜 제대로 된, 너저분한 순종' 잡초는 대개 정원 한쪽에 자리를 마련해줄 마음이 들 만큼 아름답지 않다. 약간의 땅을 내줄 만한 얼마 안 되는 식물로는 나비 등의 먹이가 되어주며 더 나아가 유익한 거름으로 쓰이는 쐐기풀 같은 것이 있다. 알아차리셨는가? 잡초 하나가 유용한 식물로 확 바뀌어버렸다. 인간의 머리는 이렇게 유연한 것이다. 그런데 일이 그 반대로 돌아가는 경우도 있다. 나는 박하가 상쾌한 느낌을 주는 여름 음료나 차를 만드는 용도로 쓰이므로 절대 없어서는 안 된다고 생각한다. 하지만 이런 박하도 다년생 식물이 자라는 텃밭에 그 무지막지한 뿌리를 몰래 내뻗으면 잡초가 되어버리는 것이다. 그러면 박하를 뜯어내고, 뿌리가 넘어가지 못하게 차단한다. 그렇게 뜯어낸 박하는 물을 부어 우려내기도 하고 그릇에 담아두었다가 씹기도 한다.

대부분의 잡초는 아무 쓸모도 없다. 아니면 우리가 그 유용성을

일관되게 이용하지 않는 것이다. 예를 들면 산미나리 같은 것이 그러하다. 산미나리는 식용으로 조리되기도 하는데 냉동 시금치와 거의 비슷하다.

아무튼 성가신 잡초들은 우리가 좋아하는 꽃들과 채소들을 무자비하게 뒤덮는다. 이 잡초들은 우리가 사는 위도의 지역을 원산지로 하는 데다 기는줄기 또는 다량의 씨앗 생산을 통해 극도로 빨리 퍼지기 때문이다. 잡초가 우리의 농장 또는 정원에 가할 손해는 불 보듯 뻔하다. 그래서 우리는 대응 조치를 취한다. 이때는 '발본색원하라'는 가르침을 부디 글자 그대로 받아들이기 바란다. 더 편한 수단, 예컨대 화학약품을 만드는 공장에서 나온 제초제 같은 것을 쓰면 잡초 제거 외의 생태계 파괴라는 비싼 값을 치러야 하기 때문이다.

오해 마시라. 김매기는 내가 좋아하는 정원일이 아니다. 그러나 하지 않으면 안 되는 일이다. 그래서 그렇게 몸을 구부려 김을 매는 동안 나는 항상 이렇게 생각한다. '어머니 대지는 나의 (유일한!) 여신이다. 그 여신에게 경의를 표하기 위해 나는 이렇게 깊이 머리 숙여 절하지 않을 수 없다.'

32

꽃봉오리는 왜 밤이 되거나 비가 올 때 닫힐까?

해가 져서 가루받이 곤충을 더 이상 유혹할 수 없거나 (다시 말해 낮에 피어 꽃꿀과 향기를 발산하는 꽃이거나) 빗줄기에 특별히 잘 견디는 암술과 수술을 갖고 있지 못하다면 (대다수 꽃이 그러하다) 꽃봉오리는 닫힌다. 왜 그럴까? 이유는 자명하다. 몸이 닳지 않도록 자기를 보호하는 것이다. 그런데 꽃이 열리고 닫히는 일은 어떻게 이루어질까?

크로커스와 튤립을 예로 들자면, 이들 꽃은 열에 반응한다. 꽃잎 안쪽 면은 날씨가 따뜻하면 자라지만 바깥쪽은 자라지 않는다. 그러면 안쪽으로부터 꽃잎이 벌어져 바깥쪽으로 둥글게 굽은 모양을 만듦으로서 꽃봉오리가 열리게 된다. 반대로 날씨가 서늘해지면 꽃잎의 안쪽은 원래 형태를 그대로 유지하려고 하는 반면 바깥쪽은 자란다. 꽃잎이 안쪽으로 모아지면서 닫히게 되는 것이다. 개화기에는 이런 과정이 쉼 없이 반복되므로 꽃은 전체적으로 커진다. 꽃은 이렇게 자라난다. 그래서 꽃은 지기 직전에 활짝 벌어진 것이 가장 큰 법이다.

다른 메커니즘은 팽압의 변화에 의한 것인데, 꽃잎의 성장에는 아무런 역할도 하지 못한다. 팽압이란 세포액이 세포벽에 행사하는 압력을 말한다. 예컨대 식물이 물을 잘 공급받고 있으면 그 식물의 세포는 팽팽하게 채워져 탱글탱글하다. 반대로 건조할 때에는 팽압이 감소하고 조직이 느슨해진다. 식물에게 언제 꽃봉오리를 닫아야 하는지 알려주는 것은 낮 시간의 햇빛 색깔이다. 그 색의 변화에 반응해 꽃에 대한 수분 공급이 막히면 꽃잎은 마치 축 처진 접이식 우산처럼 오그라든다. 그리하여 꽃의 내부 기관을 부분적으로 또는 완전히 보호하는 것이다.

이미 가루받이가 끝났을 때에도 꽃봉오리는 신속히 닫힌다. 물론 그렇다고 꽃잎이 보기 흉하게 갈변하거나 곧장 떨어져버리지는 않는다. 봉오리가 닫힌 꽃은 이제 곤충을 유혹하지 못하므로, 안 그래도 바쁘고 허기진 곤충들의 쓸데없는 수고를 덜어준다. 이 메커니즘도 마찬가지로 대개는 팽압 작용에 근거한다. 이제 꽃잎은 더 이상 영양 공급을 받을 필요가 없으므로 일반적인 영양 공급망에서 떨어져 나간다. 달리 말하면, 시들 때가 된 것이다.

33

향기가 있는 장미와 없는 장미가 있는 이유는 뭘까?

참 별난 일이다. 여기에 꽃 한 송이가 있다. 이미 고대 이래 화려하기 그지없는 향기로 이름을 날린 꽃이다. 그런데 그 꽃에서 향기가 전혀 나지 않는다. 시인들이 과장을 했던 걸까? 내 코에 염증이라도 생겼나? 아니면 후각에 다른 문제가 있나?

사실 장미가 향기를 내뿜지 않는다면 그건 날씨 때문일 수 있다. 정원에 향기 나는 장미를 심어둔 사람이라면 누구나 직접 확인해볼 수 있다. 이런 현상은 경이로운 품종인 찬도스 뷰티(Chandos Beauty)나 내 뜨거운 사랑의 대상인 그라시오자(Graciosa)를 보고 알게 되었다. 찬도스 뷰티는 농익은 복숭아와 망고의 향을 내뿜고, 그라시오자는 레몬과 베르가모트(쓴 귤과 레몬의 교잡종_옮긴이)의 매력적인 향취와 함께 코를 찌르는 달콤한 향을 퍼트린다.

그런데 이따금 내 코에 아무 냄새도 포착되지 않는다. 바깥 날씨가 아주 짓누를 듯 뜨거울 때 특히 그렇다. 그 원인은 휘발성이 강한 향유가 매우 빠른 속도로 발산되기 때문이다. 낮이나 저녁 무렵에 후각의 즐거움을 기대하고 다가가면 향기가 날아가버리고 없는 것이다. 향유의 함량은 어린 꽃의 경우 이른 아침에 가장 높다. 이런 까닭에 향을 얻기 위한 용도로 키운 장미꽃은 이른 아침에 수확한다. 향유 저장량이 아주 넉넉한 소수의 품종은 7월의 열기에도 그 향기를 잃지 않는다. 이런 영웅급 품종으로는 로제 드 레시(Rose de Resht)나 내가 아끼며 키우는 짙은 붉은색의 덩굴장미 네덜란드의 별(Climing Etoile de Hollande) 등이 있다.

하지만 여러 유리한 조건과 섭씨 24도의 적당한 기온에도 장미가 달콤한 향기를 전혀 내뿜지 못하는 경우도 있다. 이런 일은 400년 전의 유럽에서라면 일어나지 않았을 것이다. 당시 유럽 땅에 존재한(그리고 오늘날에도 존재하는) 장미는 모두 향기를 내뿜었다. 여기에 해당하는 장미는 알바(Alba-Rosen), 갈리카(Galica-Rosen), 다마스크(Damaszener Rosen) 또는 센티폴리아(Zentifolien) 같은 품종이다. 이들은 한결같이 한 해에 한 번 초여름에 꽃을 피우는데, 색깔 등급은 짙은 자주색과 순백색 사이를 오간다. 하지만 새로운 품종들이 도입되어 기존의 엄선된 품종과 교잡되었다. 그래서 한 해에 여러 번 피는 장미가 개발되었고, 노란색, 오렌지색 또는 선홍색 같은 따뜻한 색상의 장미도 만들 수 있게 되었다.

그러나 품종개량에 중요한 역할을 하는 극동의 야생장미 다수는 향기가 약하거나 거의 나지 않는다. 그래서 이들 개량종 장미는 우리가 원하는 극동 야생장미의 특성과 더불어 무향(無香)이라는 특성까지도 종종 물려받는다. 애석하게도 이 무향이라는 유전적 특성은 염색체상에서 '곰팡이에 대한 저항성'이라는 특성과 아주 가까이 있는 듯하다. 왜냐하면 향이 강하고 자주 꽃을 피우는 다수의 품종이 향기가 없는 품종보다 잎에 생기는 곰팡이로부터 훨씬 더 빨리 공격당하기 때문이다. 품종개량으로 이를 바로잡는 일은 기나긴 여정이며 그 행진은 아직 완전히 끝나지 않은 상태다. 그러나 어쨌든 정말 건강한 몇몇 품종이 이미 만들어졌다. 이들은 꽃도 지속적으로 피우고 강렬한 향도 내뿜는다. 소울(Soul), 다이애나 백작부인(Gräfin Diana), 카리스마(Charisma), 서머골드(Sommergold), 레이디 오브 샬롯(Lady of Shallott) 또는

오세아나(Ozeana) 같은 것들이 여기 속한다.

다수의 장미가 향기를 내뿜지 않는 데는 또 하나의 원인이 있다. 우리가 장미 꽃다발을 선호하기 때문이다. 역설이 아닐 수 없다. 우리는 소비자로서 스스로 그런 역설을 만들어내는 것이다. 우리가 날마다 싼값에 장미 한 다발을 살 수 있으려면, 그 꽃을 피워내는 식물은 적어도 여름 한철은 보급품으로 공급될 꼿꼿한 꽃가지를 가능한 한 많이 만들어내야 한다. 이런 일은 꽃을 비교적 자주 피워내는 아시아산 야생종과 교잡한 품종만이 할 수 있다. 그러나 우리가 원하는 것은 그 이상이다. 장미 꽃다발은 적어도 한 주는 별 탈 없이 유지되어야 한다. 물론 거기서 며칠 더 버텨주면 더 좋고 말이다. 그뿐만 아니라 그 장미는 온실이나 밭에서 매장까지 그리고 소비자의 집까지 운송되는 동안 큰 상처 없이 살아남아야 한다. 게다가 꽃잎도 단단해야 한다. 이 모든 것이 가능하려면 단단한 꽃잎이 왁스를 어느 정도 뒤집어써야 한다. 그리고 이 왁스는 마지막 남아 있던 향기의 저장소마저 밀봉해버린다. 그러니 시들 줄 모르는 전설의 바카라(Baccara)에 향기가 없다고 놀랄 일이 아니다. 따라서 장미 꽃다발에서 향기를 누리고 싶다면 싱싱한 모양새는 포기하고, 꽃병에 꽂아두면 꽃잎이 금방 시드는 품종을 구해야 할 것이다.

34

어떤 식물이 관상용인지 식용인지 어떻게 알 수 있을까?

어떤 식물을 보고 즐길지 음식으로 먹을지는 오로지 우리 인간의 결정에 달려 있다. 그 구분은 순전히 생각하기 나름이며 두 범주의 경계선은 산골 물길처럼 오락가락하기 때문이다. 이런 용도의 구분이 멋지게 뒤섞인 식물이 하나 있으니, 바로 금잔화다. 이 꽃은 관상용이면서 상처 완화용 연고를 만드는 데도 쓰인다. 한련(그림 참조) 꽃봉오리는 요리에 곧잘 쓰이는 케이퍼의 대용물이 된다. 원추리의 경우 싹은 쪄 먹고, 꽃은 샐러드 재료로 사용한다. 이국적 분위기의 화려한 꽃인 참나리(Lilium lancifolium)는 그 알뿌리를 쪄 먹으면 별미다.

아티초크는 참으로 아름다운 모습을 지닌 엉겅퀴다. 붉은 케일 같은 빛깔의 이 잎채소는 맛도 좋으면서 관상용 식물로서 환상적인 장식 효과를 낸다. 발갛게 피어나는 사과 꽃은 그 어떤 관상수보다 더 우리의 눈길을 사로잡는다. 붉은강낭콩(적화강낭콩, 홍화채두라고도 한다_옮긴이)은 꽃필 무렵이면 줄기와 가지에서 화려한 불꽃놀이를 벌이며, 누에콩은 흰 바탕에 큼직한 검정색 점이 있고 정말 아찔할 정도로 매

력적인 꽃을 피운다.

그리고 같은 시기에 꽃도 피고 열매도 맺는 레몬 역시 우리 눈길을 잡아끌 만한 식물이 아니던가? 토마토조차도 유럽에 처음 들어왔을 때는 최신 관상수로 통했다.

먹는 것과는 무관하게 또 다른 종류의 효용 때문에 이용되는 식물도 있다. 장미, 백합, 치자, 패랭이나 월하향(튜브로즈라고도 한다_옮긴이)은 오래전부터 아주 귀한 향수의 기본재료로 재배되었으며, 비교적 흔해 빠진 배추통이나 완두깍지와 같이 다량으로 수확되고 있다. 예쁜 아마는 수백 년 동안 옷 만드는 데 필요한 귀한 섬유를 제공해주었다. 우아한 노란색 토박이종 노랑꽃창포(Iris pseudacorus)는 수질정화작용을 효과적으로 행하며, 보랏빛 파셀리아(Phacelia)는 지친 토양에 다시 원기를 불어넣어주고 벌이 꿀을 생산할 수 있게 꽃꿀까지 공급해준다.

이게 다가 아니다. 많은 관상식물이 말할 수 없이 중요한 약용식물이다. 하지만 독성이 있으므로 적정량만 써야 한다. 여기에 속하는 것으로는 우리 시선을 사로잡는 은방울꽃, 매력 넘치는 겨우살이 또는 화려한 디기탈리스 같은 식물이 있다.

머릿속의 가위를 없애버리시라. 여러분 정원에 만들어진, 관상식물과 유용식물의 경계선을 지워버리라는 뜻이다. 그러면 서로 뒤섞인 식물들의 합주가 얼마나 믿을 수 없을 정도로 매혹적인지를 보게 될 것이다. 많고 많은 새로운 팔방미인들을 틀림없이 발견할 수 있을 것이다.

35

과일과 채소는 어떻게 구별할까?

일반적으로 우리는 과일은 열매라고 생각한다. 그리고 대개는 그렇다. 그러나 각각의 열매들이 어떤 범주에 속하는지 항상 첫눈에 알아볼 만큼 분명한 것은 아니다. 핵과(核果)의 경우는 비교적 뚜렷이 구분할 수 있는데, 버찌, 살구, 복숭아 또는 자두 같은 것이 여기에 속한다. 이들 핵과는 모두 과즙 많은 과육이 큼직하고 돌처럼 단단한 씨앗 하나를 감싸고 있다. 딱총나무(elder)는 앞의 과일들 보다 씨도 열매(elderberry)도 더 작지만 이것 역시 핵과류다.

인과류(꽃턱이 발달하여 과육부를 형성한 식물)도 상황은 비슷하다. 예컨대 사과나 배의 경우 맛있고 단단한 과육이 단단한 씨앗 알갱이 여러 개를 둘러싸고 있는 것이다.

우리에게 이따금 수수께끼를 던져주는 것은 장과류(과실 겉껍질은 특히 얇고 먹는 부분인 살은 즙이 많으며 그 속에 작은 종자가 들어 있는 열매_옮긴이)다. 식물학자들은 이를 폐쇄 씨방 열매, 즉 폐과(성숙해도 과피가 벌어지지 않는 열매)라고 한다. 하나뿐인 씨방에서 열매가 생겨나 여러 개의 씨앗을 품기 때문이다. 장과류는 익으면 제법 과즙을 지니며 얇지만 단단한, 때로 과육성인 과피를 갖기도 하는 열매다. 까치밥나무(Johannisbeeren)는 장과류의 원형이다. 유럽블루베리(Heidelbeeren)도 마찬가지고, 키위도 이 정의에 따르면 여기에 넣을 수 있다. 잘 알려져 있지는 않지만 레몬, 오렌지, 대추야자 그리고 바나나도 장과류에 속한다. 특히 이들 중 겉껍질이 유난히 질긴 것은 장갑(裝甲) 장과류라고 한다. 사람들이 가장 사랑하는 여름 과일 중 하나인 멜론이 대표적 예이다.

단 하나의 씨방이 자라 열매가 되는 경우가 있다면 여러 개의 씨방이 자라 한 덩어리가 된 과일도 분명 있을 것이다. 바로 파인애플이 그런 장과류다. 핵과류도 이렇게 한 덩어리로 합쳐질 수 있다. 예를 들면 나무딸기(Brombeeren)와 라즈베리(Himbeeren)가 그런 과일이다.

그런데 딸기란 도대체 정체가 뭘까? 이 과일은 씨앗이 표면에, 그것도 엄청난 수가 자리 잡고 있다. 이 씨앗은 견과다. 씨앗 전부가 열매 한 개의 표면에 앉아 있으므로 집합견과라는 좀 거북스런 느낌의 개념을 사용하기도 한다. 부차적으로 덧붙이자면, 두송자(노간주나무, 두송 따위의 열매)는 장과류가 아니라 구화(毬花), 그러니까 겉씨식물의 꽃이다.

이제 과일에 대해서는 두루 살펴보지 않았나 싶다. 잠깐, 짚고 넘어가야 할 것이 있다. 대황(루바브)이 이따금 과일 바구니에 들어가 있기도 한다. 그러나 우리가 먹는 것은 그 열매가 아니라 껍질을 벗긴 줄거리다. 그러니 이건 채소류 상자에 들어가야 한다. 그리고 또 무슨 과일이 더 있을까? 맞다, 협과(Hülsenfrüchte. 꼬투리열매. _옮긴이)가 있다. 완두와 콩 같은 것이다. 이걸 쇼테(Schote)라고 부르기도 한다. 그래서 완두나 콩을 쇼테라고도 하는데, 이건 틀린 표현이다. 물론 쇼테라고 불리는 식물도 있다. 파프리카는 보통 파프리카쇼테라고도 한다. 그러나 사실 이것도 틀린 표현이다. 파프리카는 토마토처럼 장과류에 속하기 때문이다.

꼬투리식물(Schoten)도 있다. 고추는 적어도 꼬투리(Paprikaschoten) 하나는 있으니 여기 속할까 싶지만, 사실 그렇지 않다. 고추는 장과류다. 토마토와 똑같은 경우다. 그리고 오이와 호박(그림 참조)도 장갑장과류, 즉 멜론류에 넣을 수 있다.

그러므로 식물학에서 사용하는 여러 기준에 따르면 과일과 채소는 명료하게 구분할 수 없다. 식물을 단맛 나는 것과 신맛 나는 것으로 구분하면 과일과 채소 두 가지를 다 포괄할 수 있는 기준이 되지 않을까? 안 된다. 그 방법으로도 불가능하다. 그렇게 구분하면 단맛 나는 당근이나 깍지완두가 문제가 될 것이다. 그러니 우리로서는 모든 식물을 과일과 채소로 명확히 구분하려 하기보다 그냥 맛있게 먹는 편이 나을지 모른다(채소와 과일을 함께 섞어 만드는 샐러드는 참으로 상큼하니 맛있다. 비트, 사과, 양파의 조합에 발사믹 식초와 호두 기름으로 만든 드레싱을 끼얹어 한번 맛보시라).

36

꽃 모양은 왜 그렇게 다양할까?

우리 인간에게 변화무쌍한 꽃다발을 제공할 수 있어야 하니까? 또는 천지를 만든 창조의 신이 남아도는 시간을 때우려고? 이런 이유는 전혀 아니다. 그보다 훨씬 더 세련된 이유가 있다.

어떤 꽃이든 기능을 하나 갖고 있다. 씨를 맺기 위해서 가루받이를 성사시키는 것이다. 그 이상도 그 이하도 아니다. 색깔 있는 꽃들은 일단 곤충을 목표로 삼고, 이따금 새를 겨냥하기도 한다. 그러고 나면 이제 일이 벌어진다. 각 식물 품종은 특정 가루받이 곤충을 유혹하려 한다. 진화 과정에서 그렇게 보편화된 것이다. 이 모든 일을 한 곤충, 예컨대 벌에게만 의지한다면 때로 치명적일 수 있다. 아무리 벌들이 부지런함의 모범이라고 해도 말이다.

꽃들은 꽃꿀이라는 달콤한 보상과 꽃가루라는 고열량 먹이로 곤충들을 유혹한다. 곤충들은 그 형태가 매우 다양하지만, 이를테면 나비 주둥이의 길이나 벌의 체형에 완벽히 맞춰진 꽃들이 있다. 그 외의 수법은 향기다. 우리 인간도 무력화시키는 그 향기를 수많은 곤충

f
g

들도 아주 좋아한다. 참으로 우리 인간에게는 다행스러운 일이 아닐 수 없다. 그런데 파리를 가루받이 곤충으로 선택한 식물도 있다. 그런 꽃들은 당연히 썩은 내를 풍긴다. 어떤 이에게 역겨운 냄새가 다른 어떤 이에게는 샤넬 No.5다.

야행성 곤충을 불러들여야 한다면 향기를 저녁에 내뿜어야 하고 꽃 색깔도 환해야 한다. 긴잎달맞이꽃, 나이트플록스 또는 리갈백합 같은 식물이 바로 그런 예다. 그리고 벌새 같은 열대 조류를 불러들일 필요가 있을 때는 빨간색이나 자주색 꽃이 힘을 발휘한다. 벌새들은 하와이를 상징하는 알록달록한 알로하셔츠 위에서만 후쿠시아와 무궁화와 찰떡같이 잘 어울리는 게 아니다.

온갖 속임수를 써가며 일하는 식물들도 있으니, 난초(앞 페이지 그림 참조)가 그러하다. 이들 중 어떤 것은 그 형태와 내뿜는 향기로 곤충들이 자기네를 똑같은 곤충으로 착각하게 만들기도 한다. 수컷 곤충이 이 식물들을 자기 짝이 될 암컷 곤충이라고 여길 정도로 비슷하다. 특정 수벌들은 정말 여왕벌처럼 보이는 그 꽃을 향해 날아간다. 왜냐하면 할리우드 영화 포스터에 나오는 여배우들이 우리 남자들 눈에 섹시하게 보이듯, 이 꽃도 수벌들에게 그렇게 보이기 때문이다. 수벌은 자기 여신에게 입 맞출 생각으로 접근하지만, 인간 남성들이 흔히 그러하듯 그런 시도에서 좌절하고 실패하고 만다. 그래도 벌들이야 어쨌거나 꽃가루 일부를 먹어 기분이라도 낼 수 있다. 하긴 영화 팬들도 영화표는 샀으니 이제 팝콘 한 봉지만 사면 될 것이다. 그게 아무것도 없는 것보단 나을 테니 말이다.

37

푸른색 꽃이 드문 이유는 무엇일까?

꽃의 푸른색을 만들어내는 바탕이 되는 색소는 델피니딘인데, 이것은 소수의 식물에서만 발견된다. 반면 색깔을 결정하는 또 다른 색소들, 예컨대 카로티노이드 같은 것은 거의 보편적으로 눈에 띈다. 만약 장미에 델피니딘이 존재한다면 이 색소는 다른 색소와 중첩되지 않아야 하는데, 그런 일은 자연계에서 좀처럼 일어나지 않는다.

푸른색은 우리가 동경하는 천상의 색깔이지만 가루받이를 해주는 다수 곤충들에게는 별 의미가 없다. 그들의 겹눈이 우리 인간의 눈과는 달리 완전히 다른 컬러 차트에 맞추어져 있기 때문이다. 이런 점에서 푸른 색조는 존재 이유를 보여주지 못한 것이며, 따라서 식물의 꽃에게는 없어도 되는 색이다.

생물은 누구나 나름대로 선호하는 색이 있다. 꽃들이 유인하려 하는 곤충들이 색을 우리 인간과는 완전히 달리 인식한다면 그렇다는 말이다. 보라색은 자주색이나 분홍색과 같이 세포액 속의 안토시아닌이 유발하는데, 곤충들이 문제없이 볼 수 있는 색깔이다. 아주 집중해서 보면 우리 눈에는 어두운 색으로 감지되지만, 벌들에게는 아주 밝게 빛나 보인다. 이를테면 크림수프 색처럼 보이는 것이다.

흰색 꽃도 벌들에게는 꽤나 노랗게 보인다. 덧붙이자면 흰색이라는 꽃의 색깔은 색소로 만들어지는 것이 아니다. 세포들의 세포액 내에는 그런 색소가 전혀 용해되어 있지 않다. 세포액은 투명하다. 흰색은 빛의 모든 파장을 반사함으로써 생기는 색이다. 못 믿겠다고? 흰색 꽃을 한번 눌러보시라. 그러면 그 자리는 갈색이 되고, 거기서 흰색을 내는 액체는 전혀 볼 수 없을 것이다.

꽃의 노란 색깔은 우리에게는 환하게 빛을 내뿜지만 벌들에게는 더 어두운 색, 그러니까 거의 자주색에 가깝게 보인다. 찬란한 붉은 색이야 벌들은 어차피 전혀 보지 못한다. 어둡거나 검게 보이기 때문이다.

그렇다면 왜 몇몇 꽃들이 붉은 꽃을 피우는지 궁금할 것이다. 열대 식물의 경우에는 우리 인간과 비슷한 시지각(視知覺)을 가진 새들

이 가루받이를 담당한다. 붉은색의 상징과도 같은 개양귀비의 경우에는 상황이 어떠할까? 이 꽃은 우리 눈에는 보이지 않는 자외선을 아주 세련된 방식으로 반사한다. 그러면 벌들의 눈에는 이 색이 청보라색으로 보인다. 그것도 아주 아름다운 청보라색 말이다.

푸른 꽃들은 일단 우리 인간에게는 매력적이다. 만약 우리가 식물을 가루받이하는 존재였다면 푸른 꽃들을 무성하게 번식시켰을 것이다.

한번 이런 상상을 해보자. 예컨대 파란 장미로 신부용 부케를 만들어야 한다고 생각해보는 것이다. 하지만 푸른색 장미는 자연 상태에서는 생겨나지 않는다. 장미는 태생적으로 델피니딘 색소를 갖고 있지 않기 때문이다. 그래서 푸른 장미를 만들려면 인공적으로 잉크를 통해 색을 입혀야 한다. 뭐, 그게 꼭 필요한 사람이라면 그렇게 해야 한다는 말이다. 다만 신부의 드레스에 잉크가 튀는 일은 없어야 할 것이다. 혹시라도 어떤 유전학자가 푸른 꽃을 피우는 식물의 유전자를 장미의 염색체 속에 끼워 넣는 데 성공한다고 해도, 그 품종은 순수한 자연의 산물이 아닌 기술의 산물일 뿐이다.

그러니 드문 것은 그냥 좀 드문 것으로 놔둘 일이다. 그저 푸르디푸른 수레국화(그림 참조), 초롱꽃, 히말라야양귀비 따위를 바라보며 기뻐하는 것이 어떨까.

38

왜 어떤 식물은 키우기 쉽고 어떤 식물은 어려울까?

입지가 얼마나 양호한가에 따라 식물은 문제없이 자라기도 하고 까탈을 부리기도 한다. 독일산 야생식물을 정원에서 키우는 데는 별다른 어려움이 없다. 그러나 품종개량이 진행되는 과정에서 특정 꽃 모양, 꽃 색깔 또는 특정 개화 시기를 갖는 품종을 얻기 위해 이질적 기후대의 품종과 교잡하면 문제가 까다로워진다. 이와 더불어 외래품종의 경우 원산지에서는 장점으로 드러난 특성, 예컨대 열에 잘 견디는 성질 등이 단점으로 작용하기도 한다. 습하고 온화한 여름철 기후가 심심찮게 나타나는 독일에서는 이 특성들이 필요하지 않을 뿐 아니라, 오히려 꽃을 망쳐버리거나 곰팡이에 대한 취약성을 유발하기 때문이다.

내한성도 식물을 키우는 데 영향을 미치는 특성 중 하나다. 남미가 원산지인 후쿠시아(그림 참조)는 이곳 중유럽에서는 보통 겨울을 잘 나지 못하지만, 그래도 어쨌든 극한 지역에서 나는 몇몇 품종은 겨울 대비만 약간 해주면 중유럽 곳곳에서도 오래도록 자란다. 많은 사람들의 사랑을 받는 수국은 중유럽에서 가장 멋지게 번성하는 편이지만, 그래도 특히 옛 품종이라면 꽃의 형성이 좀 시원찮을 수 있다. 혹독한 겨울을 지나고 나면 그게 보인다. 수국은 다음 해를 위해 미리 가지 끝부분에 꽃을 맺어둔다. 그러나 환경에 잘 적응한 토박이 밤나무와는 달리 이 끝부분이 싹틀 때 심하게 얼어 오그라들어버린다. 꽃의 바탕이 파괴되고 마는 것이다.

늘 그렇지만, 식물이 엉뚱한 곳에 심어져 있거나 자기가 있는 정원에 적응하지 못하면 어려운 상황을 맞게 된다. 식물이 여기에 대응할 방법은 없다. 식물이 이겨내길 바라는 것은 그저 인간이 품고 있는 기대심리다.

그러나 이따금 특정 정원의 미기후(국소적 기후나 지표면에서 지상 1-2미터 정도까지의 기후_옮긴이)가 너무 좋으면 변덕스러운 식물도 아주 훌륭하게 번성하는 경우가 있다. 씨 뿌릴 준비가 된 푸른색의 히말라야양귀비 한 무더기를 코앞에서 본 적이 있는데, 결코 잊지 못할 기억이었다. 게다가 모든 게 다 적합했다. 토양의 산도, 수관 속으로 잘 들이비치는 산란광, 습도, 균형 잡힌 기온. 네 번의 시도 후에도 결국 그 꽃을 피워내지는 못하고 끝났지만 말이다.

그래도 반가운 소식은 많은 정원용 식물들의 생장 조건이 비교적 폭넓다는 사실이다. 대다수의 토양 종류를 잘 감당하는 데다 기온 및 강수량 변동을 잘 견디며 전체적으로 모든 여건을 꿋꿋하게 이겨내는 편이다. 그러니 그런 식물이 널리 퍼지는 것은 놀랄 일이 아니다. 햇빛이 정상적으로 든다면 매발톱, 개꽃마리(물망초), 알케밀라, 제라늄, 원추리, 심피오트리쿰, 장미류, 수많은 백합류, 수선화, 크로커스, 휴케라, 헬레니움, 작약 등은 모든 면에서 두루 능력을 발휘한다. 더 많은 식물을 읊을 필요가 있을까?

39

식물의 꽃과 잎에서는 왜 향기가 날까?

이 매혹적인 현상 역시 유감스럽게도 우리 인간을 위해 만들어진 것은 아니다. 꽃들이 향기를 퍼뜨리는 까닭은 가루받이 곤충을 불러들이기 위해서이며, 이파리가 향기를 내뿜는 것은 잎을 갉아 먹는 벌레들을 내쫓기 위해서다.

멋진 색깔 외에 곤충을 유혹하는 요소가 또 있다면 가루받이에 더 유리하다. 향기는 색깔보다 작용 범위가 더 넓어서 최종 과업을 달성할 가능성을 높여준다. 그래서 꽃 색깔에 민감하지 않은 나방 같은 밤의 방문객을 끌어들여야 하는 식물들이 가장 강력한 향기를 내뿜는 것이다.

잎의 경우는 상황이 다르다. 잎의 아로마 성분은 동물성 미식가, 즉 곤충이 잎을 맛나게 먹지 못하게 해야 한다. 우리 인간에게는 이것이 참으로 다행스런 일이다. 우리가 아로마나 씁쌀한 성분을 함유한 많은 잎을 즐겨 먹는 반면, 진딧물 무리는 싫어하기 때문이다. 지중해산 허브류는 물을 아껴야 하는 데다 한번 벌레에게 먹히고 나면 재생이 초지의 풀처럼 빨리 이루어지지 않기 때문에 이런 아로마 성분을 아주 풍부하게 구비해놓고 있다. 세이버리, 백리향 또는 로즈메리 등의 허브가 우리 식탁에 가장 자주 오르는 데는 다 이유가 있는 것이다. 많은 사람들이 좋아하는 라벤더(그림 참조)의 향도 본디 용도는 해충을 놀라게 하여 접근하지 못하게 하는 것이다. 그리고 그게 먹힌다. 그렇지 않으면 왜 라벤더가 옷가지에 좀이 슬지 않게 하는 특효약이겠는가?

한마디 덧붙이면, 이파리에 향기 성분이 있는 제라늄은 향기의 종류가 유달리 다양하다. 이들은 온갖 향기를 다 끌어들여 사용한다. 그 범위가 장미와 레몬부터 박하를 거쳐 초콜릿이나 구미베어 젤리 향기에 이른다. 그저 놀이로 그렇게 하는 게 아니다. 그렇게 온갖 향기를 이용해 해충의 접근을 막는 것이다. 몇몇 엄선된 품종들은 향기로 모기를 쫓아내거나 개와 고양이가 화단에서 볼일을 보는 것을 막아주기도 한다. 물론 이런 기능을 하게 하려면 이 식물을 꽤나 다량으로 투입해야 한다. 그래야만 실제적인 효과를 볼 수 있다.

아로마를 마구 내뿜는 것이 단점이 되기도 한다. 엉뚱한 나그네가 그 향기를 좋아하는 경우다. 개박하(캣닢이라고도 한다. 독어 단어를 그대로 번역해도 '고양이박하'다_옮긴이)는 늘 이런 상황을 견뎌내지 않으면 안 된다. 고양이들이 그 냄새를 좋아해 개박하를 심은 곳 한복판에 곧잘 드러눕고 뒹굴기 때문이다. 그러고 나면 개박하는 이불처럼 깔려서 짓눌려버리고 만다. 다행스럽게도, 이 풀들은 짧게 잘라주면 다시 새싹이 올라와 원래의 모습을 회복한다. 고양이들이 어디 다른 곳에 머물면 좋으련만.

40

나무는 키가 얼마나 자랄 수 있을까?

가장 크게 자랄 수 있는 나무로는 세쿼이아(Sequoia sempervirens. 미국삼나무, 레드우드라고도 불린다_옮긴이)가 으뜸이다. 이 나무는 키가 무려 100미터를 넘기도 해 다른 모든 나무를 압도한다. 이 수종 중에서 현재 살아 있는 가장 키가 큰 나무는 115미터로, 미국 캘리포니아의 레드우드 국립공원에 있다. 이 나무는 히페리온이라는 이름을 부여받았는데, 참으로 의미 있는 이름이 아닐 수 없다. 히페리온은 빛의 수호자로 통하는 그는 고대 그리스 신화 속 티탄족, 즉 거인족 중 한 명이기 때문이다. 그리고 그의 아들 헬리오스는 태양을 실은 마차를 몰아 날마다 동에서 서로 창공을 달렸다고 한다. 어쩌면 고대 그리스인이 그런 거대한 나무가 자기네 신들과 관련이 있다고 이야기를 지어냈는지도 모르겠다. 하지만 그렇게 하려면 3천 년 전, 그러니까 호메로스가 이 이야기를 기록할 무렵, 캘리포니아 해변을 지중해 근처로 옮겨야 했을 것이다.

독일에서는 프라이부르크 인근 뮐렌발트 삼림 속에 있는 미송(더

글라스소나무라고도 한다_옮긴이)이 66미터로 가장 키 큰 나무로 통한다. 그런데 사람들의 사랑을 받는 이 더글라스소나무는 토박이종이 아니라는 점에서 좀 역설적이다. 프세우도수가 멘지에시(*Pseudotsuga menziesii*)라는 학명의 이 나무는 미국과 캐나다 북서부 해안에 면한 로키 산맥

이 원산지다. 유럽에서 이 미송의 친척들을 찾으려면 지구 역사의 아득한 옛날까지 거슬러 올라가야 한다. 왜냐하면 미송은 대략 3천만 년 전, 그러니까 신생대 올리고세(신생대 제3기를 다섯 가지로 구분할 때 세 번째인 고제3기의 마지막 시기_옮긴이)에 이곳 유럽에 존재하다가 멸종해버렸기 때문이다. 유럽이라는 곳이 미송 속(屬)에 속해 있음이 분명하다. 왜냐하면 독일 조림사업은 이 미송 없이는 생각할 수 없기 때문이다. 최장신 미송들은 합판으로 가공되지 않으며 크리스마스트리로 도 별로 이용되지 않는다. 이 나무는 숲을 거니는 이들의 귀한 눈요깃거리가 되었고 발트라우트('여장부'나 '여신'을 뜻한다_옮긴이)라는 감동적인 이름을 얻었다.

살아 있을 때 측정한 키 기준으로 지금까지 최장신 기록을 갖고 있는 나무는 유칼립투스 레그난스(Eucalyptus regnans. 독어 단어로는 '거대 유칼립투스'라는 뜻이다_옮긴이)로, 반올림해서 133미터였다. 이 기록은 19세기의 것인데, 그 후 이 나무는 안타깝게도 죽고 말았다. 이 종류의 나무 중에서 현재 가장 키가 큰 나무는 호주 대륙 남단의 태즈메이니아섬에 있는 센튜리언이라는 이름의 나무다. 로마 군제에서 100명의 군인을 지휘하는 켄투리오(백인대장)라는 계급과 그 이름이 비슷한데, 아마 우연이 아닐 것이다. 유칼립투스 나무는 100미터가 넘게 자라니까 말이다.

41

어떤 식물이 가장 빨리 자랄까?

이 부문 기록은 대나무(다음 페이지 그림 참조), 정확히는 자이언트대나무인 죽순대(Phyllostachys pubescens)가 보유하고 있다. 이 식물은 놀랍게도 하루에 120센티미터나 자란다. 모든 생장 조건이 적합하면 160센티미터까지 자란다는 보고도 있다. 대나무 종류는 전체적으로 기적의 생장을 하는 수종이다.

마찬가지로 유칼립투스나무도 의외로 연간 10미터의 생장을 보이는 것으로 보고된다. 코알라가 이 소식을 들으면 무척이나 기뻐할 것이다.

N. 226.
Bambu
Bambo
Bambus
Riet.

각종 기록을 보유한 식물들

세상에서 가장 오래된 식물은?

아마 단세포 수생생물인 조류(藻類)가 아닐까 싶다. 이 조류는 30억 년 전에 이미 얕은 물속에서 편안히 살고 있었다.

육상식물 가운데 가장 오래된 것은?

추측컨대 이끼류일 것이다. 비록 화석을 통해서 입증되지는 않았지만 분자 차원의 연구로 그런 이끼가 이미 15억 년 전에 존재했음을 알 수 있다.

현재 살아 있는 나무 중에서 자기 모습을 가장 오랫동안 계속 유지해온 것은?

은행나무일 가능성이 매우 높다. 1억 5천만 년 전부터 쭉 현재의 형태를 갖고 있었다.

가장 무거운 선인장의 무게는?

두말할 필요도 없이 변경주선인장(Carnegiea gigantea)으로, 서부영화의 배경으로 자주 등장하는 바로 그 식물이다. 이 식물은 코끼리 두 마리 무게, 그러니까 9톤 정도 나간다. 게다가 키도 족히 18미터는 될 것이다.

이파리 하나의 크기가 가장 큰 식물은?

빅토리아수련(Victoria cruziana. 파라과이수련이라고도 한다_옮긴이)의 둥그런 이파리 하나의 지름은 3미터에 달하며, 어린아이 한 명을 지탱할 정도로 안정성을 갖고 있다.

잎의 길이가 가장 긴 식물은?

라피아 야자수(Raphia regalis. 마다가스카르 야자라고도 한다_옮긴이)의 쇠뜨기 모양의 잎은 그 길이가 장장 25미터까지 자랄 수 있다.

꽃 하나의 크기가 가장 큰 것은?

이 기록을 갖고 있는 식물은 자이언트라플레시아(Rafflesia arnoldii. 냄새가 고약해서 '송장화', '시체꽃'이라고도 불린다_옮긴이)로, 꽃의 지름이 무려 1미터다. 이 꽃은 너무 무거워 땅바닥에 누워 있다.

42

난초 가꾸기는 왜 그렇게 까다로울까?

난초과 식물은 지구상 여러 식물 가운데 가장 나이가 어린 축에 든다. 이 식물은 생태계 곳곳의 틈새에서 겨우 생명을 유지해올 수 있었다. 더 편한 자리는 더 오래된 식물들이 이미 차지해버린 탓이다. 이런 상황 탓에 난초류는 엄청나게 다양한 변종으로 분화하게 되었는데, 고도로 전문화된 품종이 유달리 많은 것도 그 때문이다.

이들은 때로 독특한 환경조건과 한 종의 동물 또는 식물에게만 전적으로 의지하기도 한다. 말하자면 가루받이를 한 치의 오차도 없이 해주는 동물이나, 미세유기체나 균으로 뿌리를 통해 영양분을 전달해주는 다른 식물에 기대어 있다는 뜻이다. 눈길을 확 사로잡는 남다른 모양과 구조의 꽃은 곤충에게는 종종 일종의 위장이나 세련된 함정과도 같아서, 곤충은 반드시 꽃에 들러 가루받이를 하고 나서야 비로소 다시 떠날 수 있다. 난초 품종 다수는 아주 좁고 제한된 지역에서만 야생으로 번성하므로 온실 조건도 가능한 한 그에 가깝게 맞춰주어야 한다. 그렇게 해주어야만 난초가 자라 꽃을 피울 수 있다.

물론 적합한 균주도 그곳에 자리 잡을 수 있어야 할 것이다.

하지만 난초의 아름다움을 직접 감상하겠다고 그런 노력을 감수하려는 사람이 몇이나 있을까? 난초를 헌신적으로 관리할 자세가 되어 있는 사람은 있을 수 있다. 그러나 난초에 맞는 온실을 짓고 거기에 필요한 온갖 물품을 갖추는 데 드는 비용은 자그마한 정원을 하나 가꾸겠다는 이의 재산을 웃도는 경우가 허다하다. 19세기 중반에서 말에 이르는 영국의 빅토리아 시대에도 난초를 기른다는 것은 무척 돈 많은 사람만 감당할 수 있는 취미이자 대단한 호사로 통했다. 더구나 당시에는 아직 이 이국적 식물에 대한 경험이 거의 없었다. 원산지에서부터 난초를 캐다가 엄청난 비율로 죽여가면서 (그리고 그럴 때마다 어마어마한 값을 치르고) 열대지방에서 안개 자욱한 대영제국까지 배로 계속 공급해주어야만 했다.

하지만 오늘날은 상황이 완전히 다르다. 최고급 난초로 손꼽히는 품종 하나도 대량 생산품이 되어버렸다. 그래서 어느 대형마트를 가든 이 품종이 저렴한 가격에 팔린다. 바로 나도풍란(Phalaenopsis)을 두고 하는 말이다. 이 난초는 품종개량으로 아주 무던한 생장 조건을 가지게 된 덕에 난방용 라디에이터에서 올라오는 더운 공기나 인간의 부주의로 인한 뿌리 주변의 습기도 느긋하게 감수할 정도가 되었다. 나도풍란의 증식은 한때 오로지 매우 지루한 수분 공급으로만 이루어졌다. 그러나 이제 이것은 케케묵은 옛 방식이다. 사람들은 이 식물이 복제하기에 아주 적합하다는 사실을 발견하여, 멸균 조건하에서 영리하게 고안된 배양 방식으로 공장에서 대량생산하듯 그 수량을 마음대로 조절할 수 있게 되었다. 이는 각각의 세포 하나하나가 전능성을 바탕으로 완전한 하나의 식물로 자랄 수 있기 때문이다.

그러나 이런 전능성의 그늘도 분명 있다. 무한정 얻을 수 있는 것은 가치를 잃는 법이다. 금전적 가치만이 아니라 그 자체의 가치까지도 말이다. 한때 나도풍란은 '여왕급' 난초로서 경이와 찬탄의 대상이었다. 하지만 오늘, 어떤 생각 없는 화훼 전문가가 내뱉은 말 한마디가 귀에 쟁쟁하다. "바라건대 다시는 따분하기 짝이 없는 나도풍란으로 장식할 일이 없기를." 서글프지 않은가?

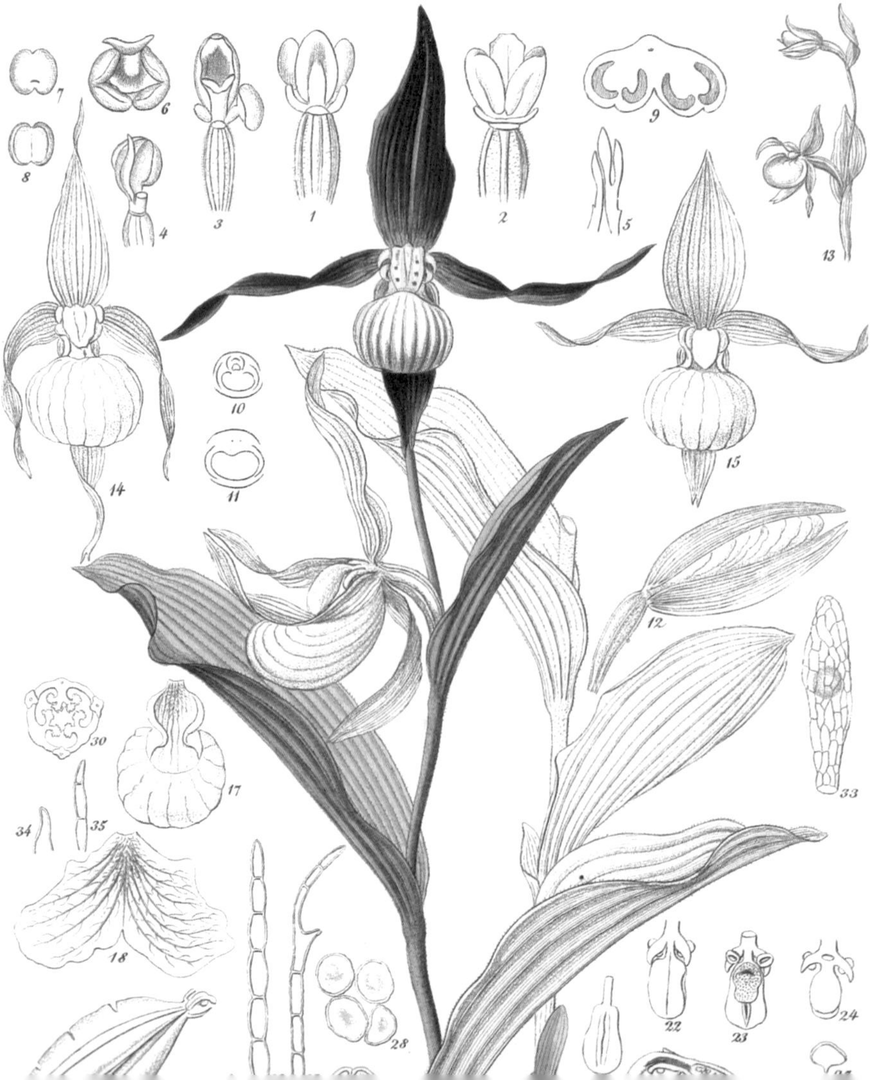

43

독성이 가장 강한 식물은 뭘까?

우리 주변에는 맹독성을 지닌 아주 흥미진진한 식물들이 사방에 퍼져 있다. 이들은 추리소설 속 살인자는 늘 정원사라는 클리셰를 정당화해준다. 여기에 속하는 식물로는, 아주 인기 있는 정원 식물인 주목(다음 페이지 그림 참조), 브루그만시아(Brugmansia), 투구꽃 또는 피마자(Rhizinus) 등이 있는데, 모두 치명적 독성을 발휘한다는 달갑잖은 명성을 공유하고 있다. 여기에는 은방울꽃, 금사슬나무, 협죽도 그리고 담배까지 포함된다.

하지만 이런 식물의 독성이 무조건 죽이는 효과만 발휘할까? 그렇지는 않다. 몇몇 식물의 독성은 치명적이지는 않아, 피부에 해를 주는 정도다. 광독성 유발 요소로 작용하기 때문이다. 예컨대 백선(白鮮)이나 큰멧돼지풀과 접촉한 뒤 피부가 햇빛에 노출되면 화끈거리는 독성반응이 나타난다. 모든 대극과(大戟科) 식물도 마찬가지로 부정적인 의미의 자극성을 갖고 있다. 물론 그것에 대한 인간의 반응 강도는 아주 다양하다. 그러므로 다양한 식물을 다루는 작업을 할 경우

a
b
c
d
e
f
g
h

의심이 간다 싶으면 장갑을 껴야 한다.

특별한 혐의가 없는 식물조차도 식용할 경우에는 적어도 메스꺼움을 느끼게 하거나 다른 불쾌감을 유발할 수 있다. 예컨대 수선화, 생명수(독어 Lebensbaum은 '생명의 나무'라는 뜻으로, 눈측백 속을 가리킨다_옮긴이), 튤립 또는 작약도 먹는 양에 따라서는 약간의 독성 또는 심각한 독성을 일으킨다. 익지 않은 토마토에도 꽤나 독성이 있다. 토마토는 일반적으로 어느 정도 독성 물질을 갖고 있는 가지과 식물의 하나다.

이 가지과에 속하는 또 다른 신비로운 식물이 있다. 바로 만드라고라, 아트로파 그리고 사리풀이다. 이 식물들은 독극물을 만드는 이라면 누구나 기본 재료로 지니고 있어야 할 것들이다. 이보다는 혐의가 덜한 것이 생 꼬투리에 아주 효과 좋은 청산이 함유된 콩이다. 이 독성물질은 끓여야만 분해가 되는데, 그렇게 하면 치명적 위험은 맛이 좋은 음식으로 변한다. 진하게 양념을 한 강낭콩을 으깬 감자에 곁들여 내놓으면 나는 늘 속절없이 무너지고 만다. 이 기회에 언급하고 넘어가야 할 점은, 예전에는 감자(이것도 가지과 식물이다) 열매도 조리해 먹었다는 사실이다. 물론 감자라는 작물이 독일에 아직 두루 알려져 있지 않던 시절 이야기로, 권하지는 않는다.

이리하여 '아는 게 힘'이라는 옛 말씀은 다시 그 권위를 회복한다. 어떤 식물의 어떤 부분이 어떤 여건에서 독성을 지니는지 안다면 거기에 맞추어 그 식물을 다루어, 그 때문에 해를 입는 일을 막을 수 있기 때문이다. 반려동물을 키우면 그 습성을 잘 파악해서 주인에게 덤벼드는 일이 없도록 해야 한다. 식물을 키울 때도 마찬가지다.

44

식물은 어떻게 진딧물로부터 자신을 지킬까?

가장 확실한 방법은 독극물을 쓰는 것이다. 그리고 그걸 써먹을 수 있을 때까지 써먹은 것이 인도고련수(Azadirachta indica. 님나무라고도 한다_옮긴이)다. 이 나무의 독극물을 구성하는 물질의 수는 100가지에 육박하지만, 아직도 그 성분 전부가 명쾌하게 확인되지 않은 상태다. 식물을 갉아 먹거나 빨아 먹는 곤충 퇴치에는 아자디락틴 성분이 꽤나 효과적으로 작용한다. 이 성분은 그 이름을 나무의 학명에서 따왔는데, 곤충이 갉아 먹기를 멈추게 하며 유충의 발달을 억제하는 작용도 한다. 이 성분 때문에 곤충의 먹는 본능이 제거되는 것이다. 고도로 효과적인 이 제제(製劑)는 씨앗 기름 속에 들어 있으므로 압착해서 사용할 수 있다. 기름 짜는 수고를 덜려면 이 제제를 함유한 님 오일을 전문상점에 가서 넉넉히 사면 된다.

님 오일을 쓸 때의 매력이란, 온혈동물에게 아무런 해가 가지 않는다는 것이다. 벌이 돌아다니지 않을 때를 골라 저녁이나 이른 아침에 이걸 뿌려두면, 죽은 벌을 보게 될 일은 없다. 이 독성물질은 진딧물 일당이 나무를 씹거나 빨아 먹는 활동을 할 때 그들의 체내에 흡수된다. 따라서 가루받이를 하는 벌들이 위험에 노출되는 일은 전혀 발생하지 않는다.

그리고 이 물질에 중독된 곤충을 쪼아 먹는다 하더라도 참새(그림 참조)와 박새는 아무 탈이 나지 않는다. 특히 참새가 이 독성을 섭취해도 탈이 없다는 사실은 개인적인 경험으로도 확인하였다. 최근 집참새 두 마리가 제 새끼들과 함께 다락방 테라스에 있는 장미를 진딧물로부터 해방시켜주고 휙 날아가는 장면을 보았던 것이다.

45

덩굴식물은 어떻게 지지물을 발견할까?

쉬면 녹슨다는 속담이 있다. 이 말은 덩굴식물에게 특히 잘 들어맞는다. 왜냐하면 이 식물은 일단 움직임을 통해서 비로소 제 몸을 기댈 지지대에 이르기 때문이다. 어디에 달라붙을 수 있는지 알아내려고 얼마나 멀리까지 로데오 밧줄처럼 몸을 튕겨내 지지대를 휘감는지 알면 놀라지 않을 수 없다. 일단 제 몸을 의탁할 발판을 찾고 나면 곧장 곡선처럼 휘어져 급속히 생장을 시작하여 그 지지대를 단단히 감고 올라간다. 이 식물은 접촉이라는 자극에 반응하는 것이다.

제 몸을 단단히 붙잡아 매는 기술은 여러 가지가 있다. 가장 간단한 기술은 덩굴장미나 나무딸기가 보여준다. 가시나 고리를 이용해 덩굴을 뻗어 올라가는 것이다. 이들 식물은 지지대가 되는 나무의 가지에 질긴 새싹들을 박아 넣는다. 여기에는 가시나 바늘도 도움을 주지만, 신속한 생장으로 시간이 갈수록 더 빽빽하게 뒤엉키는 가지들도 힘을 보탠다.

그다음으로는 주 가지가 지지대를 휘감으며 올라가는 식물들이 있다. 등나무가 그런 사례다. 살갈퀴(다음 페이지 그림 참조)와 비슷하게, 등나무는 지지대와 접촉하면 비교적 신속하게 휘감아 도는 생장으로 반응한다. 등나무는 목질인 데다 여러 해가 지나면 어린 가지의 지름이 더 굵어지기 때문에 지지대가 등나무의 무게를 감당하기 어렵게 될 수 있다. 또한 등나무가 지지대의 공기 접촉을 차단할 수도 있다. 그래서 지지대가 시중에서 흔히 팔리는 빗물받이 홈통인 경우 이것은 양철 캔처럼 천천히, 그러나 확실히 짓눌려 찌그러지고 만다.

양담쟁이나 등수국 그리고 미국담쟁이덩굴은 달라붙는 뿌리(흡착근)를 이용한다. 이 뿌리는 적절한, 다소 거친 바닥면과의 접촉을 통해 형성된다. 새싹은 작은 뿌리를 틔워내는데, 이 뿌리도 마찬가지로 최소한의 공백이나 빈틈을 발견하면 거기에 쐐기를 박아 아주 단단히 묶어버린다. 담쟁이를 제거한다 해도 이 흡착근은 그 자리에 거의 그대로 남아 예전에 달갑잖은 덩굴식물이 존재했음을 알려주는 기념품이 된다. 따라서 그런 덩굴식물은 그것이 기대도 되는 벽에 자리잡게 해서 위로 이끌어주어야 한다. 불가피할 경우에는 벽 앞에 지지대를 세워줌으로써 이 덩굴 예술가들이 그 지지대만을 이용하도록 신경을 써주어야 한다.

이보다 좀 더 우호적이면서도 효과 면에서 전혀 뒤지지 않는 것이, 예컨대 클레마티스(참으아리속) 등이 추가로 형성하는 잎들이다. 이들 잎은 '단단히 움켜잡기'의 2단계 주자다. 먼저 좀 느슨한 상태의 새 가지가 일단 비교적 큼직한 틈새로 밀고 들어가서 휘감는다. 그다음은 이파리 차례다. 이들이 다음 단계를 떠맡아 가느다란 지지대(끈이어도 된다)를 휘감아 도는 것이다.

싹에 지탱용 기관을 별도로 형성한 식물들은 일을 아주 우아한 방식으로 해나간다. 이런 면에서는 매우 신속하게 자라며 무척이나 풍성하게 꽃을 피우는 시계꽃이 가장 앞서는 것으로 보인다. 이 꽃은 예쁜 나선형 꼴의 덩굴손을 만들어 이 손으로 눈 깜짝할 사이에 다른 식물의 싹과 제 몸을 뗄 수 없을 정도로 묶어버린다. 이 꽃은 덩굴식물계에서 미적으로는 타의 추종을 불허한다. 다만 아무 데서나 겨울을 나지 못한다는 것이 안타까울 뿐이다.

46

이름을 여러 개 가진 식물도 왜 학명은 하나뿐일까?

식물은 눈에 잘 띌수록 더 흔해졌으며, 인간의 삶 속에서 큰 역할을 할수록 더 빨리 이름을 얻었다. 그리고 언어의 지역적 차이는 독일에서만 해도 이미 두드러지므로, 눈에 띄는 식물들이 지역별로 서로 다른 명칭을 갖게 된 것은 놀랄 일이 아니다.

전 세계에서 모인 식물학자들이 어떤 식물에 대해 서로 환담을 나누고 싶어 한다고 상상해보자. 그러면 국제적으로 통용되는 이름이 있어야 한다. 이때 꼭 거론해야 할 인물이 바로 칼 폰 린네(Carl von Linné)로, 생물학계의 진짜 거인이다. 그는 1753년에 식물 명칭 체계를 개발했는데, 이는 오늘날까지 사용되고 있다.

식물종의 이름은 기본적으로 두 부분으로 이루어진다. 앞에 오는 것은 속(屬)의 이름이다. 예컨대 왕관패모꽃(Fritillaria imperialis. 다음 페이지 그림 참조)의 경우 속명은 프리틸라리아(Fritillaria)다. 속명(屬名)은 이 식물이 어떤 다른 식물들과 계통적으로 더 가까운지 보여준다. 왕관패모꽃은 같은 속명을 지니고 있는 사두패모꽃(Fritillaria meleagris)과 가깝

다. 이 종을 엄정히 일컫기 위해 속명 뒤에 소문자로 된 두 번째 이름이 온다. 이 이름은 해당 속 안에서 단 한 번만 부여된다. 우리가 든 예에서는 imperialis(황제)라는 이름으로 학명이 완성된다. 그리하여 왕관패모꽃이라는 종은 이 두 이름 성분을 합쳐 Fritillaria imperialis라는 학명으로 불리며, 식물과 관련한 전문 서적이나 문서 등에서 이탤릭체로 표기된다. 품종개량된 식물은 대개 그 식물을 어느 정도 적절하게 기술해주는 이름을 얻으며, 이 이름은 보통의 글씨체에 그냥 작은따옴표를 붙여 표기된다. 왕관패모꽃 중 가장 많이 알려진 노란색 꽃 품종(개량품종을 이런 식으로 정확히 지칭할 수 있다)은 Fritillaria imperialis 'Lutea'(Lutea는 '노란색'이라는 뜻의 라틴어. 따라서 학명은 '노란 왕관패모꽃'이라는 뜻이다_옮긴이)라 불린다.

재미난 식물 이름

콜키쿰(Colchicum autumnale): 독어로는 영원한 가을(Herbstzeitlose)이라는 이름을 가지고 있다. 벌거벗은 처녀(Nackte Jungfer), 실 잣는 여인(Spinnerin), 시간꽃(Zeitblume) 등으로 불리기도 한다.

매발톱(Aquilegia vulgaris): 슐로터 바지(Schlotterhose), 여성장갑(Frauenhandschuh), 스위스 바지(Schweizer Hose) 등으로 불린다.

팬지(Viola wittrockiana): 작달막한 계모(Stiefmütterchen)라고 불리며, 라인란트 방언으로는 작은 얼굴(Jesetsches)이라고 한다.

옥스아이데이지(Leucanthemum vulgare): 진주(Margerite)라는 이름을 가지고 있다. 요한의 꽃(Johannisblume), 송아지눈(Kalbsauge), 지점(至點)꽃(Sonnenwendblume)이라고 하기도 한다.

데이지(Bellis perennis): 적절한 사랑(Maß liebchen), 천 가지 아름다움(Tausendschön) 등으로 불린다.

은방울꽃(Convallaria majalis): 5월의 작은 종(Maiglöckchen), 4월의 종(Aprilenglöckle) 등의 이름을 가지고 있다.

니겔라(Nigella damascena): 녹원의 처녀(Jungfer-im-Grünen), 덤불 속의 그레틀Gretl-im-Busch), 머리카락 지닌 신부(Braut-mit-Haaren), 다마스쿠스의 검정 캐러웨이(Damaszener Schwarzkümmel) 등으로 불린다.

CHAPTER 4

식물과 정원의 사소한 진실

47

5월의 얼음성인이란 대체 뭘까?

얼음성인(聖人)이란 5월 중순 무렵의 여러 날(5월 11일부터 13일 또는 15일_옮긴이)을 가리킨다. 보편적 경험에 따르면 이 시기에 마지막 서리가 한 차례 더 내릴 수 있다. 독일 대다수 지역의 경우 5월 15일, 즉 '추운 소피(Kalte Sophie)' 이후에는 더 이상 서리 피해를 걱정하지 않아도 된다. 얼음성인에 해당하는 성인들의 이름은 옛 가톨릭교회 성인 달력에서 볼 수 있는데, 각각 마메르투스(Mamertus. 5월 11일), 판크라티우스(Pankratius. 5월 12일), 세르바티우스(Servatius. 5월 13일), 보니파치우스(Bonifatius. 5월 14일) 그리고 소피아(Sophia. 5월 15일)다.

얼음성인은 오래전부터 달력상의 한 전환점을 의미해, 봄이 정점을 지나 여름으로 넘어가는 절기를 나타내는 말이다. 얼음성인 이후에는 서리에 민감한 여름 화초를 심거나 그 씨를 심어도 걱정할 필요가 없다. 하지만 이때도 아주 조금은 주의를 기울일 필요가 있다. 왜냐하면 서리는 내리지 않아도 밤은 아직 서늘해 기온이 섭씨 8도 이하로 뚝 떨어지기도 하는데, 이는 다수 식물의 성장 동력을 빼앗아버릴 수 있기 때문이다. 베고니아(그림 참조), 아프리카봉선화 또는 헬리오트로피움 같은 예민한 꽃은 날씨가 좋은 5월 말쯤 심는 게 좋다. 열대산 실내 관상수도, 만약 옮겨 심을 생각이 있다면 6월이 된 이후에나 반그늘 테라스로 옮겨놓고 여름 동안 휴가 기간을 갖게 해줘야 한다.

당연한 말이지만, 특정 날짜가 식물이 절대 얼어 죽지 않는다는 보장을 해주지는 않는다. 지역적 차이는 물론이고, 요즘 심심찮게 경

험할 수 있다시피 몹시 들쭉날쭉한 기상 흐름도 이런 특정 절기를 무의미하게 만든다. 같은 해 같은 날이라도 고도가 높은 하르츠 지방(독일 북부 작센-안할트 주의 산지_옮긴이)과 포도 재배지의 기온은 크게 차이가 날 수 있다.

따라서 날짜를 믿기보다는 자연의 전개 양상을 관찰하는 것이 훨씬 더 안전한 방법이다. 이에 따르면 서리 걱정 없는 여름은 대략 야생장미나 딱총나무가 꽃 피는 때에 시작된다.

하지만 전통적인 달력을 봐도 날씨에 관해 어느 정도 힌트나 경고를 얻을 수 있다. 대체적으로, 6월 11일 전후가 되면 서리는 내리지 않지만 그렇다고 해도 종종 서늘한 날이 있다. 그런 경우에 '양(羊)의 추위(Schafskälte)'라는 표현을 쓴다.

농사꾼의 규칙에 의하면 한 해 중에서 가장 뜨거운 시기는 '개의 날(Hundstage)'이다. 이 명칭은 별자리인 큰개자리에서 온 것으로, 이 별자리는 7월 23일부터 8월 23일 사이에 저녁 하늘을 멋지게 수놓는다.

48

벌레들은 도대체 어디에서 겨울을 날까?

몇몇 종류의 곤충의 경우 다 큰 녀석들은 첫서리와 함께 사라진다. 그러나 그냥 죽는 게 아니라 후대를 위한 대비 조치를 해놓고 죽는다. 알을 땅속에 저장한 다음 거기서 봄에 새로운 애벌레가 나오도록 하는 것이다. 어떤 곤충들은 한 세대 동안 애벌레나 번데기 형태로 (대개 마찬가지로 땅속에서) 쉰 다음 그다음 철에 계속 성장발달을 하기도 한다.

모든 곤충이 추위가 온다고 죽어 없어지는 것은 아니다. 수많은 변온동물이 일종의 저온경직 상태에 빠진다. 게다가 이들은 당분 축적으로 체액 내에 일종의 부동액을 확보하고 있으므로 얼음장 같은 추위에도 별 영향을 받지 않는다. 이들을 힘들게 하는 것은 오히려 겨울철의 습기와 온화한 날씨다. 습기는 일반적으로 곰팡이가 생장하는 데 유리하며, 곰팡이는 잠자는 곤충들에게 가장 큰 위협이다.

개미는 둥지를 더 깊은 땅속으로 옮겨 강력한 영하의 날씨를 피한다. 그러나 추위는 개미들도 무기력하게 만든다. 무당벌레는 추위

를 덜기 위해 안전한 장소에 모여 군체를 형성한다. 몸을 서로 달라붙게 해서 추위를 이기는 것이다.

벌은 겨울철에 가장 많이 움직인다. 그것 말고는 달리 버틸 방법이 없기 때문이다. 그러나 날아다니며 움직이는 게 아니라 몸을 포도송이처럼 다닥다닥 붙여[벌들이 이런 구상의 형태로 무리를 이루는 모양을 봉구(蜂球)라고 한다_옮긴이] 서로 비벼대면서 겨울 내내 몸을 떠는 방법을 쓴다. 이렇게 함으로써 온기를 만들어내는데, 그 온도는 우리 인간도 안락감을 느끼는 섭씨 20도다.

유감스럽게도 식물에 해를 입히는 몇몇 벌레도 살금살금 겨울을 난다. 협죽도, 브루그만시아 및 레몬나무가 겨울을 나는 지역이 해충들에게는 최적의 장소다. 날씨가 서늘하고 어둑어둑하면 우리는 이들의 존재를 전혀 알아차리지 못한다. 그러나 빛의 양이 많아지고 온도가 올라가면 이 불청객들이 금방 눈에 띈다. 이미 급속히 증식했기 때문이다. 이 해충들은 결국 잘 차려진 식탁 한가운데에서 사는 셈이다. 깍지진디, 가루깍지벌레 그리고 응애는 겨울을 너끈히 나는 전형적인 해충들이므로 특별히 신경을 많이 써야 한다. 새 세대가 나타나기 전에 살피는 것이 가장 좋다.

49

언 땅에는 왜 식물을 심지 못할까?

땅이 돌처럼 딱딱하게 얼어붙어 삽질을 전혀 할 수 없는 경우를 제외하더라도, 서리가 내릴 무렵에 식물을 심는 것은 아무런 의미가 없다. 용기나 화분에서 가져온 것을 포함해 모든 새로운 식물은 가능한 한 신속히 새 뿌리를 형성하게 해줘야 한다. 하지만 땅이 얼어 있으면 이건 애당초 불가능한 일이다. 이때는 활동력 있는 뿌리라도 수분을 전혀 섭취하지 못한다. 침엽수 같은 상록식물들이 (화분 속의 크리스마스 트리도 마찬가지지만) 이런 이유로 말라 죽는 것이다.

내려앉았던 서리가 녹으면 토양 습도가 종종 상대적으로 높아진다. 이미 활성이 약해진 뿌리가 그 습기를 받아들이지 못하면 이 식물은 그냥 아래쪽에서부터 썩게 된다. 이때 뿌리는 통통하고 예민할수록 더 빨리 썩어버릴 수 있다. 더구나 겨울에는 햇살이 아직 약해 토양의 습기를 날려버리지도 못한다. 그러니 활엽수는 땅이 얼기 전에, 늦어도 무조건 11월에는 심어야 한다.

언제 무엇을 심어야 할까

7월	마돈나백합 알뿌리, 수염붓꽃의 땅속줄기(지하경), 원추리 및 오리엔탈양귀비의 뿌리
8월	봄은방울수선, 설강화, 콜키쿰, 가을크로커스 및 사프란의 알뿌리 꽃
9월 말까지	화분 등 용기에 심어진 대다수 관목류
10월 말까지	봄에 꽃을 피우는 거의 모든 알뿌리 식물, 작약 뿌리
11월 중순 또는 말까지	모든 활엽수의 생뿌리, 특히 장미와 과일나무, 튤립, 크로커스 또는 히아신스 같은 아주 튼튼한 봄 알뿌리 화초, 거의 모든 백합류 알뿌리
2월 중순까지	식재하지 않음
2월에서 4월 초까지 (땅이 얼지 않은 경우)	백합류 알뿌리
2월에서 4월 중순까지 (땅이 얼어 있지 않고 날씨가 너무 따뜻하지 않은 경우)	활엽수 생뿌리, 장미 및 과일나무
4월 중순에서 5월 말까지 (서리 위험이 없는 경우)	모든 관목, 특히 노루오줌, 참취, 대상화, 비비추 등 늦게 꽃 피우는 식물 그리고 달리아, 글라디올러스(그림 참조), 문주란, 아가판서스, 네리네 등 여름에 꽃을 피우는 알뿌리 식물과 덩이줄기 식물

50

왜 어떤 식물은
벌레나 새가 먹지 않을까?

하나의 생태계 안에서 이루어지는 식물계와 동물계의 완벽한 협주는 매우 기나긴 시간에 걸친 상호 적응의 결과다. 동식물은 자기 종을 발달시키느라 종종 수천 년의 시간을 보내기도 한다. 그리하여 일종의 균형에 이르는 것이다. 이런 균형 상태에서는 각 관여자가 지속적으로 이익을 얻거나 손해를 보는 것이 아니라 서로 이해와 손해를 주고받는다. 이 상호 적응은 꽃의 구조, 개화 기간, 동물의 주둥이 형태 또는 코의 길이 등 세밀한 데까지 이를 수 있다.

우리 다수에게 아주 친숙한 원예식물들은 생태계에 제대로 자리 잡은 게 200년도 채 안 된다. 그런 식물들이 설령 아주 잘 자라고 우리 역시 그들이 없는 정원을 상상할 수 없다고 해도, 그 식물들이 생태적 기능을 떠맡을 수는 없다. 물론 몇몇 식물 종이, 이를테면 꿀벌처럼 상당한 유연성을 가지고 도움을 주고받을 식물 파트너를 가리지 않는 곤충들에게 훌륭한 먹을거리를 제공할 수 있음은 확실하다. 하지만 조류와 곤충에게 둥지를 제공할 수 있는가 하는 문제에 관한

한 외래 식물은 별로 내세울 것이 없다. 이들 식물은 그저 하룻밤 동안 또는 한 번의 사냥에서 일시적인 대피소로 이용될 뿐이다.

유감스럽게도 개나리, 라일락(앞 페이지 그림 참조), 수국, 고광나무 또는 눈측백 등은 생태적으로 사막과 같다. 토박이 동물들에게 아무런 의지처가 되어주지 못하는 것이다.

외래 관목 및 다년생 초본류는 적어도 몇몇 동물에게 뭔가 제공하는 것이 있는데, 이에 속하는 식물로는 아시아 원산의 장미, 아까시나무, 부들레야, 심피오트리쿰, 국화, 해바라기, 마편초, 미역취 등이 있다.

이미 앞서 언급했다시피, 원예식물은 원예식물로 머물러야 하며 통제 없이 자연계로 들어가서는 안 된다. 즉 자체적으로 씨앗이 퍼지거나 기는줄기로 증식해서는 안 된다는 뜻이다. 이는 근심을 정원 담장 너머로 퍼뜨리는 일이 될 것이다.

나는 내 정원이 동물들에게 실망스러운 '속 빈 강정'이 될지언정 라일락 같은 식물을 도저히 포기할 수가 없다. 그러나 특정 식물들이 시각적으로 아름답지만 동물들에게 아무것도 제공해주지 못함을 분명히 의식하기에, 예컨대 산울타리나 작은 숲을 조성할 때 그런 식물들을 함께 심지 않는다. 멋진 외래종들은 수프 속 양념이지 수프의 영양분 많은 건더기는 아니니까 말이다.

51

식물이 건강한지 그렇지 않은지 어떻게 알까?

가장 중요한 것은 우선 식물에 물리적 손상, 예컨대 수피의 갈라진 곳, 상처, 해충이나 곰팡이에 공격받은 흔적이 없어야 한다는 점이다. 잎은 싱싱해 보이고 뿌리도 잘 형성되어 있어야 한다. 화분에 담긴 식물이라면 조심스레 빼내서 뿌리를 살펴볼 수 있다. 뿌리가 저 혼자서만 풍성해서는 안 되며 흙을 꼭 움켜쥐고 있어야 한다. 또 화분 밑바닥에 돌돌 말려 있어서는 안 된다. 그건 이 식물이 너무 오랫동안 화분 속에 있었다는 뜻이다. 뿌리가 이렇게 돌돌 말려 있으면 식물이 정원에 뿌리를 내리는 데 큰 장애가 된다. 대대적으로 가지치기를 해준다 해도 이걸 충분히 지속적으로 바로잡기는 힘들다.

식물은 관리가 잘된 상태여야 한다. 너무 축축한 곳 또는 반대로 너무 건조한 곳에 있으면 잎이 다소 아래로 처지며, 관리에 심각한 문제가 있는 경우 완전히 밑으로 축 늘어지고 만다. 고객으로서 우리는 농원 판매 직원의 관리 소홀을 보완해주는 존재가 아니다. 그러니 가격을 크게 낮춘 특별할인 상품 중에서 비실거리는 듯 보이는 식물을 사들고 가겠다면, 이 식물을 일단 몇 주 동안 집중 관리할 수 있다는 확신이 있어야 한다.

고난을 겪었거나 겪고 있는지 즉각 파악되지 않는 식물들도 있다. 이런 경우를 두고 한 친구는 '곧게 선 채로 죽어간다'고 표현하기도 했다. 예를 들면 난초의 경우에 이런 일이 일어날 수 있다. 뿌리가 물에 젖어 있으면 그렇게 되는 것이다. 그러니 뿌리가 족욕을 15분 이상 하지 않았다는 절대적 확신이 있을 때에만 그 식물을 집어 들어도 된다. 그렇지 않으면 그 식물은 이미 병들어 있을 수 있다.

꽃의 알뿌리와 덩이줄기는 그 크기에 비해 상대적으로 묵직한 느낌을 주어야 하며, 손상이 없어야 하고 쭈글쭈글해서도 안 된다(아네모네 덩이줄기 같은 것은 예외다). 이 알뿌리들이 매장에 도착하면 직접 거기 가서 사는 것이 가장 좋다. 그리고 기본적으로 지하 저장고 수준으로 서늘하게 저장해야 한다. 식물을 판매하는 온실은 대개 섭씨 18도에서 20도 정도로 온도가 유지되는 경우가 많아서 원래는 튼실한 저장기관인 알뿌리를 쭈글쭈글하게 만들어버린다.

여름에 꽃을 보려고 화분에 심은 식물은 종종 성장억제제 또는 왜화제(식물의 마디 생장을 억제하는 물질_옮긴이)라 불리는 약품으로 처리가 되어 특히 빽빽해 보이며 특정 높이에서 많은 꽃을 피운다. 그 결과 이 식물들은 식재 후 이 약제를 분해해야 하며 그런 다음 한동안 꽃이 피지 않은 상태로 있어야 한다. 여기에 해당되는 것으로 옥스아이데이지나 후쿠시아가 있는데, 이 꽃들은 어릴 때 비교적 크게 쑥 자라는 까닭에 판매 시점에는 때로 꽃이 피지 않거나 아주 조금만 핀다. 그럼에도 불구하고 시장이나 개인 원예 재배지를 가진 오래된 정원사의 가게에서 볼 수 있는 그런 어린 식물들을 구입하는 것은 훌륭

한 선택이다. 이것들은 중단 없이 계속 자라므로 길게 보면 성장억제 처리가 된 식물보다 꽃을 더 잘 피우기 때문이다. 성장억제제는 협죽도(그림 참조)에도 곧잘 사용된다. 그래서 이 꽃은 눈에 띄게 통통한 상태로 판매된다. 나는 늘 그런 꽃은 내버려두고 다소 휘청거리는 기다란 식물을 찾는다.

52

정원을 가꾸기 위해 언제 뭘 해야 할지 어떻게 알까?

일반적으로 시중에 유통되는 달력에는 원예 일정표가 없다. 각 기후 권역별로 환경조건이 너무 상이하고, 또 해마다 늘 조금씩 빗나가는 기상 흐름이 특히 봄철에 너무 다르기 때문이다. 그러나 소위 '생물계절학 달력'이라는 게 있다. 이 달력은 한 해가 열 개의 시간대로 나뉘어 있는데, 어느 계절이 막 시작되었는지 그리고 그다음에는 시간적으로 정확히 무엇이 기다리고 있는지 흔히 알려진 식물을 통해 잘 보여준다. 이러한 지표(指標) 식물들은 우리 정원에서도 자라지만 공원이나 공공녹지에도 있다. 이 생물계절학에 근거하여 한 해의 흐름을 잘 의식하고 있는 사람(한두 해만 따라 하면 이런 흐름은 몸에 밴다)은 항상 적시에 가지치기를 해주거나 씨를 뿌리거나 비료를 주거나 밭을 갈 것이다. 그러면 그 무엇도 어긋나지 않는다.

생물계절학에서 말하는 열 개의 계절과 그 지표 식물들은 다음 표에서 확인할 수 있다.

초봄	초여름	늦여름
꽃: 개나리	꽃: 딱총나무	수확: 조생종 사과(7월 수확) 및 서양자두
완연한 봄	**한여름**	
사과꽃	꽃: 유럽피나무	

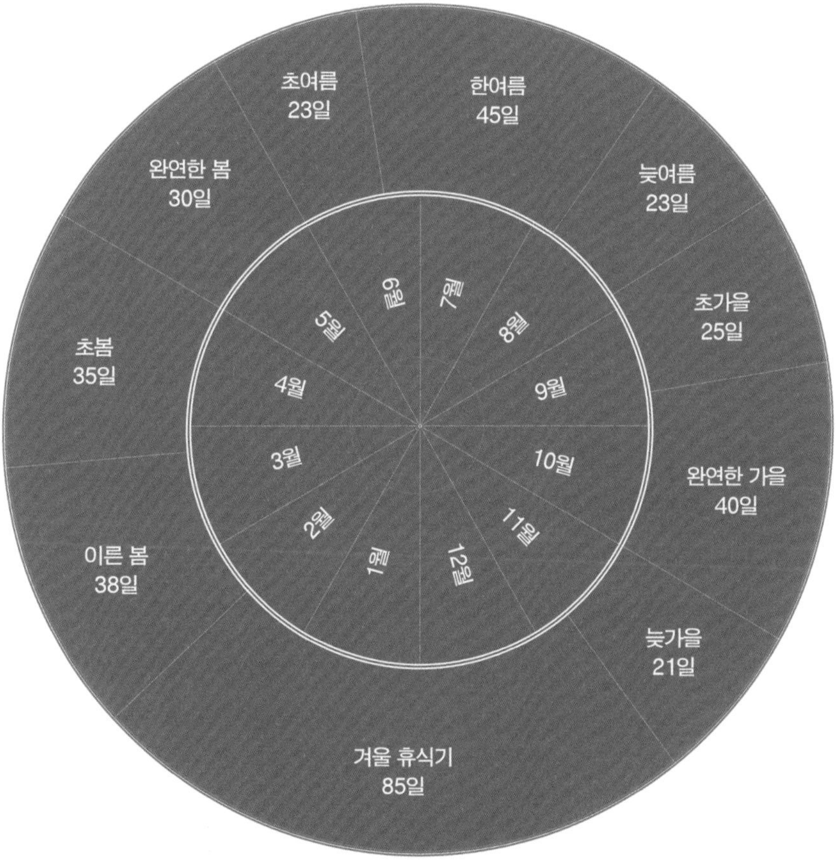

이른 봄	늦가을	초가을
꽃: 설강화 유럽개암나무	단풍: 참나무속(屬) 전반적인 낙엽 짐	열매: 딱총나무와 칠엽수
겨울 휴식기	**완연한 가을**	
꽃: 풍년화	열매: 참나무 수확: 만생종 감자, 단풍 듦	

53

달팽이는 왜 편식을 할까?

달팽이도 나름대로 좋아하는 먹이가 따로 있다. 달팽이는 부드러운 잎을 선호하는데, 빨리 갉아 먹을 수 있기 때문이다. 이들 달팽이에게 위협받는 것은 무엇보다 어린싹이나 관목류의 새싹이다. 그러므로 달팽이가 정원에 대량으로 출몰한다면 기본적으로 달팽이가 접근할 수 없는 발아상자에 어린 식물들을 파종할 것을 권장한다. 노지에 옮겨 심을 때는 어린 식물이 있는 화단을 달팽이로부터 보호해주어야 한다. 식물이 하나씩 사라지는 꼴을 보지 않으려면 친환경 달팽이 제거제를 써도 된다.

표에서 알 수 있듯이 달팽이는 제비고깔, 달리아 또는 비비추의 어린싹을 잘 먹어치운다. 따라서 이들 식물은 잎이 비교적 단단해질 때까지 달팽이로부터 보호해주어야 한다. 잎이 단단해지면 달팽이는 식욕을 잃어 더 부드러운 잎을 찾아 0.5미터 넘게 줄기를 타고 올라가는 일이 거의 없다.

달팽이를 항상 자석처럼 끌어들이는 것들도 있다. 예를 들면 바질

달팽이가 싫어하는 것	달팽이가 좋아하는 것
제라늄	메리골드
장미	달리아 (어린싹)
작약	연한 잎이 달린 비비추 종류
양귀비	제비고깔 (새싹)
수국	딸기열매
노루오줌	양상추
박하	백일홍
알케밀라	루피너스
일본아네모네	해바라기
투구꽃	금계국
관상용 담배	수염붓꽃

(다음 페이지 그림 참조)이 그렇다. 이런 식물은 비상시에는 보호에 더 간편한 화분 재배도 고려할 수 있다.

그렇다고 너무 걱정할 건 없다. 달팽이가 전혀 먹을 생각을 하지 않는 허브 식물들도 있다(나무 종류는 위험에 빠지는 일이 거의 없다). 예컨대 작약, 거칠고 마른 잎을 지닌 우단동자꽃, 매우 딱딱한 잎을 가진 로즈메리, 그 외 일정 정도 한계는 있지만 거친 잎을 지닌 다른 식물들이 그런 예다.

달팽이를 생물학적 방법으로 자기 밭에 오지 못하게 하려는 사람은 쿠마린(곤충과 곰팡이, 박테리아에 대한 방어 활성을 가진 방향성 유기 화학 물질_옮긴이)을 함유한 식물을 이용할 수도 있다. 이런 식물들을 위기에 처한 식물들 주위에 사방을 지키는 호위병처럼 심으면 되는 것이다. 이

방법은 꽤 효과적이어서 달팽이의 습격을 막을 수 있다. 유럽족돌이풀, 선갈퀴 및 향모(香茅) 등이 이에 해당한다. 단 이들 식물의 잎이 아직 오그라들지 않은 동안만 그렇다. 어쨌든 달팽이의 밥이 되는 식물의 어린싹은 봄철에 달팽이로부터 보호해주어야 한다.

54

해충과 곰팡이는 왜 살아 있는 식물도 공격할까?

곰팡이는 어머니 대자연의 싹쓸이부대다. 그리고 곰팡이의 수많은 종족은 우선 죽은 식물체를 덮쳐서 분해한다. 그렇게 하여 그들은 영양분을 다시 일반적인 생명 순환계로 환원시킨다. 만약 특정 곰팡이류가 살아 있는 식물마저 덮친다면, 이것은 원칙적으로 다른 이유가 있는 게 아니라 대개 엉뚱한 식물이 엉뚱한 자리에 서 있는 경우다. 어머니 대자연은 적절한 곳에 자리 잡고 있지 않은 모든 것을 싹 치워버리려 한다. 조만간 그곳에 정착할 수도 있는 더 적합한 식물에게 자리를 확보해주기 위해서다. 정원용 식물을 엉뚱한 곳에 심으면 이 식물은 보통 적절한 장소에 심어진 것보다 곰팡이에 훨씬 더 취약하다.

때로는 알맞은 곳에 심은 식물에도 곰팡이가 생긴다. 이는 독일의 위도대(緯度帶)에 최적화될 수 없는 품종이 원예종 형태로 교잡된 사실과 관계가 있다. 교잡을 하는 이유는 새로운 꽃 모양, 꽃 색깔 등을 얻거나 열매 따위를 더 풍성하게 수확하기 위해서다. 품종개량으로 인해 일단 취약성이 생기고 나면, 이걸 후속 개량으로 다시 제거하는 일은 그리 쉽지 않다. 장미, 사과(그림 참조) 또는 복숭아를 보면 이런 사실을 잘 알 수 있다. 이런 경우에는 타협을 고려해볼 필요가 있다. 말하자면 곰팡이에 대한 저항성을 어느 정도 가진 것으로 판명이 된 품종을 구입하고 다른 특성은 포기하는 것이 더 낫다는 의미다.

해충이 다수의 정원 식물을 위협할 정도로 심각하게 번진다면 거기에는 여러 가지 이유가 있을 수 있다. 이 경우에도 잘 관리가 되지 않았거나 엉뚱한 자리에 심어진 식물들이 가장 큰 위협을 받는다. 이들 식물은 큰 소리로 이렇게 외치는 것이다. "나를 먹어 치워버려. 이곳에서는 견딜 수가 없어. 이 자리를 빈터로 비워놓을 거야!'

특별한 기상 여건이나 곤충들의 생장 주기가 맞물려도 엄청난 습격을 유발할 수 있다. 이런 경우라면 일단 하나씩 문제를 제거하며 전개 양상을 관찰하는 게 좋다. 해충으로 인한 피해가 일정 수준 이하로 유지되어 그 식물이 어느 정도 견뎌낸다면 곧 지원부대, 그러니까 육식성 곤충이나 새가 진격해온다. 그러나 이는 화학적 식물보호제가 투입되지 않았을 때에만 유효하다. 이런 약제는 당연히 모든 해충을 물리친다. 동시에 유용한 생물의 먹이를 빼앗아버리거나 이들 생물에게도 해를 입힌다. 케미컬 메이스(최루탄 성분의 제품명_옮긴이) 종류의 식물보호제는 마약과 같다. 한번 중독되고 나면 거기서 더 이상 헤어나지 못한다. 당연히 금단현상이 뒤따른다. 그러니 환경적으로 무해한 대체재 마련이 필요하다. 그래야 정원에 지속적이고 진정한 평화가 찾아온다. 장기적으로 본다면 그 비싼 약제에 한 푼도 쓸 필요가 없다.

친환경 해충방지제 만들기

활용 식물	만들기	효과
쐐기풀	뚜껑 있는 플라스틱 용기를 이용해 거름 만들기: 쐐기풀 5킬로그램에 물 50리터를 붓고 불린다. 매일 저어준다. 거품이 더 이상 올라오지 않으면 발효가 끝난 것이니 사용해도 좋다. 더운 여름에는 14일 정도 걸리고, 서늘하면 열흘이 더 걸린다. 냄새를 잡아주려면 석분을 첨가하면 된다.	50배 희석해 매주 식물에 뿌려주면 활력이 강화된다. 20배 희석액은 잎의 백화를 완화하고 새싹 돋움을 촉진한다. 원액을 뿌리면 토양이 개선되고 퇴비화가 촉진된다.
관중	위 거름 만들기와 동일함	원액을 분무해주면 병충해가 예방되고 깍부기균이 감소된다.
금잔화	위 거름 만들기와 동일함	10배 희석액을 분무하면 저항력이 강화된다.
컴프리	위 거름 만들기와 동일함	10배 희석액=질소비료
저먼 캐모마일	위와 동일한 양의 풀과 물로 농축액 만들기: 거품이 올라오는 발효과정 전에 채로 걸러낸다. 대략 1-3일이 지나면 발효가 된다.	5배 희석액을 14일에 한 번 부어주면 뿌리 질병이 예방된다.
쇠뜨기	위 거름 만들기와 동일함	5배 희석액을 사흘 연달아 분무해준다. 여름철에 이를 여러 차례 반복하면 곰팡이를 방지할 수 있다.
참나무잎	위 거름 만들기와 동일함	5배 희석액을 분무해주면 해충이 방지된다.

CHAPTER 5

정원에서 일어나는 일들

55

두엄더미에서 김이 모락모락 피어오르는 까닭은?

두엄더미 또는 콤포스트(일반 폐기물이나 산업 폐기물 등을 짚이나 가축 배설물과 혼합하여 쌓아둠으로써 자연발효시킨 비료_옮긴이)는 살아 있다. 유기체가 그곳에서 열심히 활동하기 때문이다. 미생물 군단은 엄청난 노력을 쏟는다. 벌레, 곰팡이 및 박테리아가 그곳에서 물질을 개조하고 분해한다. 기본적으로 탄화수소 혼합물이 가공된다. 이런 혼합물에 포함되는 것으로 설탕, 전분, 셀룰로오스, 지방, 기름, 밀랍 및 단백질이 있다. 분해 과정이 진행되려면 산소와 물이 넉넉히 있어야 한다. 그러나 두엄더미가 너무 축축해서는 안 된다. 늪이나 공기가 잘 안 통하는 두엄더미에서는 퇴비화가 예상과는 달리 아주 더디게 이루어진다. 대다수 유기물이 아주 잘게 쪼개져 두엄더미 속으로 들어가기는 하지만 그 안에 작은 가지, 나무 쪼가리, 갈대 등이 포함되어 있으면 산소 공급을 쉽게 해주는 공극(孔隙)을 유지하는 데 도움이 된다.

이렇게 두엄더미를 만들고 나서 몇 주가 지나면 대다수 유기물은 다 분해된다. 석 달이 지나면 이 두엄더미는 절반이나 3분의 2 정도

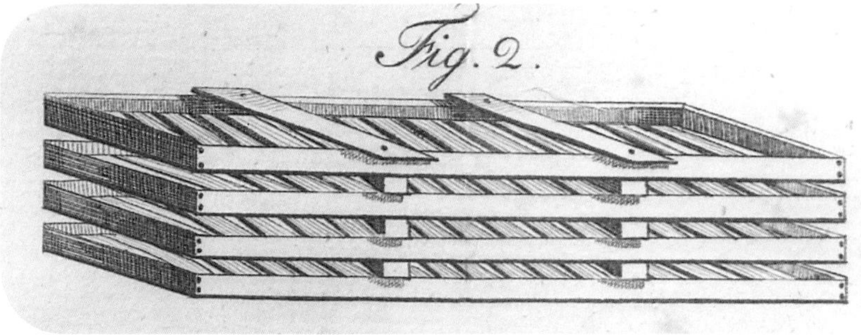

로 부피가 줄어든다. 그 뒤에는 이 과정이 느려진다. 미생물은 이 유기물 중 대략 20퍼센트 정도까지만 유기체를 재구성하는 데 활용한다. 나머지 80퍼센트는 물질대사 과정에서 소비해버린다. 말하자면 열에너지로 방출하는 것이다. 이 에너지는 두엄더미를 이루는 유기물 사이에 갇혀 제대로 발산되지 못한다. 그래서 두엄더미가 열을 발산하며 이따금 모락모락 김을 피워 올리기도 하는 것이다.

새로 두엄더미를 쌓아올리면 그 온도는 당연히 주변 환경의 온도와 같다. 따라서 유기체들이 첫 청소군단으로서 분해를 위해 이곳에 정착하면 편안해한다. 여름철에 중요한 것은 소위 중온성(中溫性) 생물이다. 이들은 기온이 섭씨 10도에서 45도 사이로 유지되고 습도도 어느 정도 균형 잡힌 상태여야 잘 번성한다. 이런 조건이 일정하게 유지될수록 유리하다. 두엄더미를 그늘에 만드는 것은 바로 그 때문이다. 하루 온도의 변동 폭은 그늘이 가장 적다. 당연한 말이지만 두엄더미가 완전히 말라버리는 일은 절대 있어서는 안 된다. 그런 까닭에 두엄더미에서 계속 열이 나는데도 비가 오지 않는다면 이따금 물을 뿌려주어야 한다.

중온성 유기체가 한 이틀 동안 제 할 일을 하고 나면 열이 나서 무척 덥다고 느낀다. 왜냐하면 주변 온도가 너무 가파르게 올라가기 때문이다. 그러면 이들은 호열성(好熱性) 내지 고온성(高溫性) 생물에게 자리를 내어준다. 이런 생물들은 섭씨 55도쯤에서 최적으로 번성하지만 대략 섭씨 75도까지 견딜 수는 있다. 물론 그렇게 되면 활동성은 크게 줄어든다.

섭씨 60도를 조금 넘는 온도는 특히 흥미롭다. 해로운 유기체와 잡초 씨앗이 이 온도에서 사멸될 수 있기 때문이다. 이 과정은 며칠이면 끝나버린다. 온도가 이 수준으로 올라가고 나면 두엄더미는 다시 서서히 식어야 한다. 만약 두엄더미의 온도가 섭씨 70도를 넘어가면 화학적 과정이 이루어진다. 이걸 피하려면 두엄더미를 뒤섞어주어야 한다. 이런 온도에서는 발효과정 및 인화성 가스 방출의 위험성이 높아지기 때문이다. 이런 현상은 대개 산소 결핍으로 인해 발생한다. 예컨대 두엄더미가 너무 빽빽하게 쌓이거나 공기가 통하지 못하도록 밀폐되어 있으면 그렇게 된다. 그러나 잘 '관리된' 두엄더미에서는 이런 일이 좀처럼 일어나지 않는다. 이에 대한 대응 조치를 한 가지 더 언급하자면, 두엄더미의 높이를 1미터 정도로 유지해야 한다는 것이다. 최고로 높아야 1.5미터가 넘지 않도록 해야 한다. 그렇지 않으면 자체 하중이 무거워지고, 두엄더미 내의 공극이 짓눌려 공기가 잘 통하지 않는다.

두엄더미에 넣어도 되는 것과 넣으면 안 되는 것

두엄더미에 들어가는 것들은 다양할수록 더 좋다. 다만 딱딱하고 거친 쓰레기는 잘게 쪼개서 넣어야 한다. 가장 이상적인 방법은 원예용 분쇄기를 이용하는 것이다. 톱밥, 말린 커피 찌꺼기 또는 재 같은 건조 상태의 물질은 비가 오지 않는 날에 물 한 바가지와 함께 두엄더미에 넣어야 한다.

넣어도 되는 것	넣으면 안 되는 것
가지치기한 원예식물 쓰레기 (대체로 곰팡이가 없는 것)	가지치기한 쓰레기 중에서 곰팡이, 박테리아 또는 바이러스를 먹은 것
식물성 음식쓰레기 (조리 전 생겨난 찌꺼기)	음식 쓰레기(익힌 것, 삶은 것, 양념된 것 또는 그 밖의 조리 후 식탁에 오른 것)
달걀 껍데기	삶은 달걀
약 치지 않은, 시들어 말라버린 절화(折花)	꽃집에서 사온 절화(이들은 기본적으로 다 약을 친 것임)
커피와 차 찌꺼기	빵이나 케이크 등의 부스러기
약간 썩은 잎	많이 썩은 다량의 나뭇잎, 예컨대 호두나무나 참나무 잎(앞 페이지 그림 참조)
신문지 및 골판지 소량	다량의 종이와 골판지 및 모든 유광 인쇄물
가공되지 않은 나무의 톱밥	래커칠이나 니스칠 또는 그 외의 가공이 된 목재
천연 건초가 묻은 가축 배설물 소량	화학적 건초가 들어간 가축 배설물 다량 (예를 들면 대다수의 고양이 배설용 모래류)
가공되지 않은 목재를 태운 재 소량 또는 그 외 불에 탄 유기물	그릴용 숯이나 가공된 목재 등의 재
유기농 열대과일 껍질을 잘게 자른 것	관행농법(화학 비료와 유기 합성 농약을 사용하여 작물을 재배하는 관행적인 농업 형태_옮긴이)로 재배한 열대과일의 껍질
잔디 깎은 것 적당량(약간 마른 상태)	잔디 깎은 것 대량(젖은 상태)

56

부식토가 뭘까?

부식토는 토양을 구성하는 한 요소로, 어느 정도 분해된 유기물로 이루어져 있다. 부식토층은 기본적으로 토양의 맨 위층이다. 이 층은 공극의 비율이 높아 푹신하고 비교적 산소가 풍부하며 어두운 색을 띤다.

토양에 들어 있는 유기물의 비중이 높을수록, 그리고 토양 미생물(토양 내에서 살고 있는 모든 생명체의 총체)을 위한 조건이 양호할수록 부식토층은 더 두꺼워진다. 부식토층을 덮고 있는, 아주 일부만 분해된 유기물을 데트리터스(detritus), 즉 입상 유기 쇄설물이라고 한다. 원예에서는 이를 멀치(Mulch. 잡초가 자라거나 땅의 수분이 감소하는 것을 막기 위하여 식물 주위에 뿌리는 짚단, 낙엽, 나무 부스러기 따위의 층_옮긴이)라고 한다. 여기서는 식물 잔해의 구조가 잘 드러난다. 멀치와 부식토 간의 경계는 뚜렷하지 않다.

부식토층의 위쪽 영역은 영양부식토라 불린다. 이곳에서는 항상 분해와 변화의 과정이 일어난다. 영양부식토는 토양 유기체를 많이

B.V. Taf. 12.

Obst Kelter.

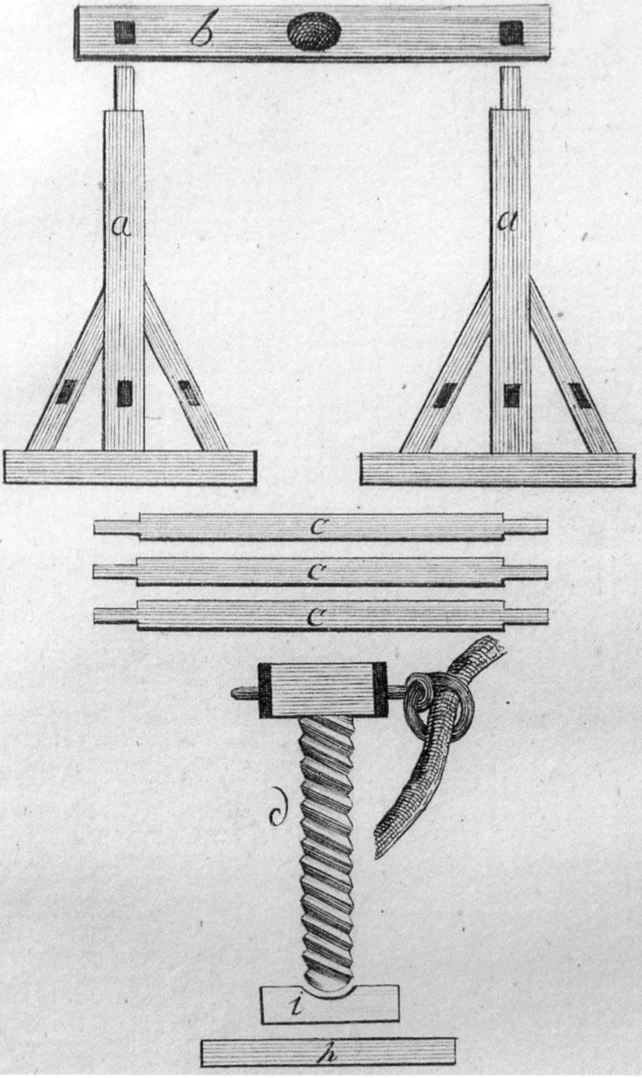

함유하고 있으며, 식물은 맨 먼저 이곳에서 영양 성분을 발견한다. 이 층은 비교적 얇으며 불안정하다.

그 아래에 위치한 지속부식토층은 더 안정적이고 더 두텁다. 부식토층의 90퍼센트가 이 층이며, 고정 질소의 대략 80퍼센트가 여기서 발견된다. 식물의 잔해는 더 이상 찾아볼 수 없다. 식물을 위한 영양물질은 이곳에 비교적 오랫동안 저장된다. 토양의 비옥도는 이 지속부식토층에 의해 결정된다.

토양이 아무런 방해를 받지 않는 곳, 예컨대 숲속에서는 부식토층이 토양의 모질물(母質物. 모암인 기반암에서 떨어져 나온 돌 조각이나 흙으로 이루어진 토양_옮긴이)에서 유래한 광물질 비율을 크게 능가한다. 집중적으로 경작이 이루어진 땅이나 원예 재배지의 경우 이 비율은 쟁기질 같은 것으로 달라진다. 부식토는 유지되지 않고 계속 사라지므로 유기물이 계속 토양에 보충되어야 한다. 그래야만 토양 시스템이 생태적으로 균형을 유지할 수 있다. 삼림 내에서는 이런 순환이 보장된다. 식물이 매년 만들어내는 물질이 기본적으로 다시 토양으로 유입되기 때문이다. 이와 반대로 원예 재배지의 경우, 이를테면 수확으로 우리가 상당량의 유기물을 빼앗아 가버린다. 그러므로 우리가 직접 사용하지 않는 모든 것, 즉 수확 후의 잔여물이나 가공 후의 '쓰레기'를 퇴비화하여 토양에 돌려주는 일이 중요하다. 음식 쓰레기나 착즙(그림 참조) 후의 찌꺼기를 이용해도 좋다. 또 적절한 거름주기로 부족한 영양분이 없도록 균형을 잡아주는 일에도 신경을 써야 한다.

57

땅도 병들 수 있을까?

토양이 건강한지 병들었는지에 대한 평가는 토양이 무슨 일을 해야 하는가에 대한 우리의 생각과 긴밀히 연관되어 있다. 그러므로 '많은 동식물류를 잘 먹여 살려 다양한 생명체가 지속적으로 유지될 수 있도록 해주는 것이 건강한 토양'이라고 일단 기준을 설정해보자. 좀 더 국한해서 중유럽 정원사의 기대치를 말한다면, 건강한 토양이란 화단과 텃밭이 건강한 식물로 넉넉히 차 있고, 꿀벌, 야생 곤충, 조류 및 온갖 작은 동물이 그런 장면에 생기를 불어넣는 곳이다. 또 열매가 있거나 없거나 활력 넘치는 키 작은 나무들이 생존 공간을 하늘 쪽으로 키워가는 곳을 의미한다. 너무 목가적이라고? 결코 그렇지 않다. 이런 것은 어쨌든 정원사들이 목표로 삼고 있는 바이며, 결국에는 우리 삶의 토대이기 때문이다.

이런 시스템을 크게 좌우하는 것은 양호한 날씨 및 기상 조건과 더불어 토양의 비옥도다. 그리고 이 비옥도는 흡수되고 배출되는 유기물의 균형에 바탕을 두고 있다. 토양이 아주 척박한 경우, 예를 들면 모래밭(사질토) 같은 경우에는 유기물이 사라지지 않도록 토양에 영양분을 꾸준히 공급해주지 않으면 안 된다. 여기에 더하여 모든 토양은 가능한 멀치로 덮어주는 것이 좋다. 이를 위해서는 오래 사는 식물을 심는 것도 좋고, 가급적이면 시간이 지나면서 분해되는 유기물로 멀칭을 하는 것도 효과적이다. 일단 덮어준 것이 분해되고 나면 다시 새로운 것으로 덮어주면 되는데, 이 방법은 부식토층을 유지하는 데 도움을 준다.

비옥도가 떨어지면 토양은 병든 것으로 본다. 멀쩡하던 토양이라도 여러 해 동안 빠져나간 유기물이 퇴비나 비료의 공급을 통해 다시 균형에 이르지 못하면 척박해질 수 있다. 예컨대 영양분을 많이 흡수하는 식물을 수확하고 나서 토양을 그냥 두면 그렇게 될 수 있다. 우리처럼 취미로 정원을 가꾸는 이들은 거대한 면적의 땅을 경작하지 않아도 되므로 토양을 통제하는 것이 큰 문제가 아닐 수도 있다. 그러나 이런 점을 늘 염두에 두고는 있어야 한다.

좀 도덕적인 잔소리처럼 들릴지도 모르지만, 식물보호제를 마구 사용하는 것 역시 토양에는 위험하다. 그러므로 살충제를 투입하기로 결정했다면 그 약제의 사용법을 엄격히 따라야만 할 것이다. '넉넉하게 뿌리는 게 좋다'는 말에 따라 사용량을 두 배로 늘리거나 한다면 큰 대가를 치러야 한다. 토양은 그런 잘못된 행동 뒤에도 곧장 냄새를 풍기며 썩어간다는 표시를 내지는 않는다. 오히려 처음에는 아무도 모르게 병을 앓는다. 시간이 지나서야 토양 유기물이 다 파괴됨으로써 그 병의 심각성이 드러나는 것이다. 토양 유기물도 유독물질에 해를 입는다. 유기물의 결여는 토양 내 물질의 교체 및 분해 과정에 필요한 톱니바퀴가 없다는 것을 의미하며, 결국 전체 시스템의

붕괴로 이어질 수 있다. 토양이라는 작은 삶의 공간은 일단 완전히 파괴되고 나면 그것을 다시 바로잡기는 거의 불가능하다.

우리가 전혀 개입하지 않았는데 토양 문제에 끌려들어가는 경우도 있다. 예를 들면 정원의 토양에 유해물질이 들어 있는 경우다. 그 땅에서 예전에 무슨 일이 벌어졌는지에 따라 또는 파낸 땅을 메우기 위해 동원된 토양이 어디에서 온 것인지에 따라 경악스러운 일이 벌어질 수 있다. 만약 의심이 든다면 정확히 무엇 때문에 문제가 발생했는지, 또 어떻게 하면 그 문제를 해결할 수 있는지 토양 분석을 통해 밝혀내야 한다.

하지만 다행스럽게도 정원 토양이 되돌릴 수 없을 정도로 손상되는 경우는 거의 없다. 그러니 그냥 토양은 대체로 건강하다고 여기고 정원일을 하면 된다. 최우선적이고 가장 중요한 조치는, 그런 토양을 당연하게 여기고 무지몽매하게 마구 착취하는 어리석은 짓을 하지 않는 것이다.

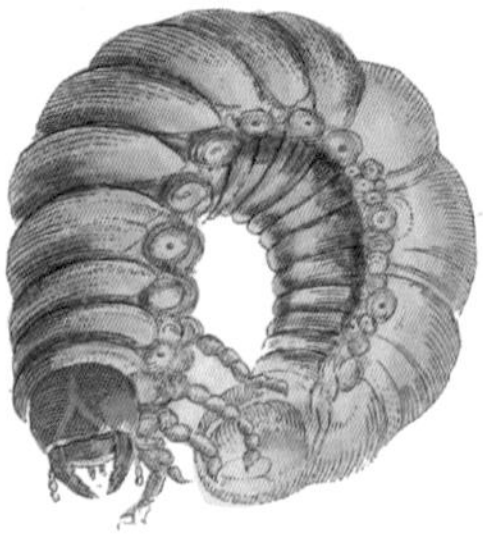

58

소금을 뿌려 잡초를 없애면 안 되는 이유는?

토양에 염분이 너무 많으면 그 토양 속에서 살고 있는 모든 유기체의 생명 활동이 크게 방해를 받는다. 그 이유는 분자 차원의 수많은 과정이 삼투현상을 통해 이루어지기 때문이다. 다시 말해 따로따로 존재해야 하는 서로 다른 두 용액, 즉 세포액과 토양 수분 사이에서 반드시 일어나야 하는 교체 현상은 특정 분자만을 한쪽 방향으로 통과시키는 막을 통해 이루어진다. 모든 생명체의 수분 시스템은 이런 식으로 돌아간다. 이 막은 이른바 일종의 방어벽이자 경계선으로, 세포가 해체되어 붕괴되는 것을 막아준다. 이 막은 무엇이 어디서부터 얼마나 세포 안으로 들어오는지 살피고 통제하는 역할을 한다. 그러나 이런 방식으로 토양 내의 과도한 염분으로부터 자신을 지킬 수 있는 식물은 특별히 잘 적응된 몇몇 품종에 국한된다. 대다수 식물은 이 여과 장치가 충분하지 못해 토양 속의 소금 농도가 올라가면 이를 감당하지 못한다. 염분을 너무 많이 흡수하여 세포가 파괴되어버리는 것이다. 그러므로 토양에 소금이 뿌려져 있으면 대다수 식물은 더 이

2
3
4
5
8
9
10
11

상 자라지 못한다. 이는 토양이 이따금 다져지는 현상과 관계가 있다. 그래서 염도가 좀 있는 토양에서 자랄 수도 있었을 식물들의 수가 토양 다져짐이 더해지면 더 줄어드는 것이다.

이런 현상은 사막 지역에서 관찰된다. 사막에서는 염분이 강우 현상을 통해 규칙적으로 비교적 깊은 토양층 속으로 스며들 수 있다. 기후라는 여건의 작용이다. 토양이 소금기를 머금게 되면 그 토양을 구해내는 길은 하나뿐이다. 그것은 여러 번에 걸쳐 많은 물을 뿌려준 다음 그 물이 증발하기 전에 다른 곳으로 흘려보내는 것이다.

우리네 정원은 순식간에 물이 증발해 버리는 메마른 사막에 놓여 있지 않다. 그러므로 일반적으로는 이런 상황은 겪지 않아도 된다. 그러나 토양이 과도한 소금기를 머금었다면 상황은 달라지는데, 대부분 무분별하게 살포한 인공비료와 겨울철에 도로 등에 뿌리는 염분 등이 원인이다. 건강한 가로수조차 이러한 토양 손상으로 인해 고통을 받는다.

그러므로 인도의 보도블록 사이로 산미나리(그림 참조)같은 잡초가 올라온다고 소금을 많이 뿌리는 행동을 해서는 안 된다. 아무리 좋은 의도를 가지고 있다 하더라도 그런 일은 아무런 도움이 되지 않는다. 염분이 포석 아래에만 순순히 머물러 있지 않고 토양용액을 통해 계속 퍼지기 때문이다. 그러면 그 인도 옆에 있는 화단의토양이 맨 먼저 그 염분에 영향을 받는다. 스스로 토양을 망쳐버리는 꼴이니, 이 얼마나 근시안적인 행동인가? 구원의 비가 내려 토양을 헹궈준다고 해도 그 소금기는 세상에서 없어지지 않는다. 이 염분은 아무런 통제도 받지 않고 지하수 속으로 흘러들어간다. 물론 염분은 지하수의 질을 개선하지도 않는다.

59

돌투성이 땅은 안 좋은 걸까?

콘크리트를 두고 한때 글자 그대로 이런 구호가 나돌았다. '문제는 그걸로 뭘 하는가이다.' 내가 원예 재배지로 쓸 약간의 땅을 갖게 되었을 때 대략 이와 비슷한 고민을 한 적이 있었다. 그 땅은 비탈진 곳에 위치해 있었으며 이회암(석회분이 풍부한 퇴적암의 일종으로 짙은 회색이나 검은색_옮긴이)과 돌 천지였다. 그 땅을 채소밭으로 가꾸려면 열흘은 족히 걸릴 판이었다. 먼저 토양의 뿌리 영역에 돌이 없도록 골라낸 다음 두엄을 많이 뿌려 부식토층을 두텁게 해주어야 했다. 그래야 힘들이지 않고도 손이 흙 속으로 쑥쑥 들어가는, 채소 가꾸는 이들이 꿈꾸는 이상적인 땅이 되기 때문이다.

시간이 흐르면서 나는 이 토양을 사랑하게 되었다. 그래서 어떤 식물이 이 토양에서 번성할까 고심하며 주변을 둘러보았다. 이회암질 점토인 데다, 돌멩이와 부딪히지 않고는 한 삽도 뜰 수 없는 땅이었다. 하지만 놀랍게도 작약(그림 참조), 수염붓꽃, 원추리, 휴케라, 매발톱, 심피오트리쿰, 크리스마스로즈, 제라늄 그리고 심지어 수선화까지 피어났다. 이 식물들은 정말 경이로울 정도로 화단을 장악했다. 장미도 당연히 그랬다. 그러나 나는 인내하는 가운데 연습해야만 했다. 이 식물들이 제대로 자리를 잡을 때까지는 한참 시간이 걸렸기 때문이다. 나는 전에 경험했던 사질토와는 다른 이 토양에 익숙해졌다. 첫해에는 식물이 제대로 자라지 않아 마구 불평을 해댔다. 하지만 식물들은 곧 활력을 찾았다. 곰팡이에 취약하다고 판단한 일부 장미류까지도 건강을 잘 유지했다는 사실이 가장 놀라웠다. 어떻게 그럴 수가 있었을까? 내 생각에는, 이회암과 돌의 형태로 토양 속에 존재

한 수많은 미네랄이 식물에 매우 긍정적으로 작용했던 것 같다. 그것들이 장미의 세포벽을 더 튼튼하게 해주었으리라고 추측한다. 완만한 성장과 비교적 높은 미네랄 공급이 상호보완적으로 작용한 것은 아닐까?

이 정원을 통해 나는 책상 앞에 앉아 이상적인 정원을 설계한 다음 그대로 실행에 옮기는 일이 아무런 의미가 없음을 알게 되었다. 일은 그런 식으로 돌아가지 않는다. 주어진 상황에, 최우선적으로 토양에 친숙해지는 것이 더 중요하다. 그런 다음 이 토양을 큰 정성을 기울여 가꿀 준비가 되어 있는지를 가늠해야 한다. 언젠가 때가 되면 풍성한 채소를 거둬들일 수도 있었을 것이다. 당시 연세가 여든이나 된 무척 정이 많은 이웃 할머니 한 분이 알려주셨다시피 그저 오랫동안 아주 꾸준히 그 땅에 매달려 일하기만 하면 가능하다. 할머니가 거둔 수확은 엄청났다. 하지만 솔직히 말하면 그 정도로 할 자신은 없다. 나는 편한 걸 너무 좋아하기 때문이다. 그럼에도 새로운 뭔가를 해보고 배우는 것은 항상 즐긴다. 그렇게 하지 않았더라면 이 글을 쓰지 못했을 것이다.

그런 뜻에서 나는 누구든 격려하고 싶다. 오두막 스타일의 그림 같은 정원을 꾸밀 재주가 없거나 스스로 농사지은 채소로 냉장고를 가득 채우지 못한다고 절망하지 않아도 된다. 예전에 유행했고 아직도 유행하는 광고 문구처럼 '수많은 가능성을 발견해보시라!' 그 정원(의 토양)이 제공해주는 것에 맞게 가꾸어가면 된다. 내 말을 믿어도 좋다. 거기에는 애당초 생각한 것 이상으로 많은 아름다움과 경험이 숨어 있을 것이다.

60

토양은 마르면 수축될까?

마르면 모든 게 다 수축한다. 살구도, 얼굴 피부도, 딜(Dill)도, 말랑말랑한 쿠키용 반죽도 수축한다. 토양도 예외가 아니다. 물은 세포를 팽팽하게 만들고, 무생물은 부풀게 한다. 수많은 토양의 경우 수축 현상은 눈에 잘 띄지 않는다. 토양이 단단하고 성긴 공극 구조를 갖고 있으면, 물이 빠져나간 뒤에는 표면이 바삭바삭해진다.

하지만 토양이 매우 단단한 양토질(점토가 30퍼센트 내외 포함된, 경작에 좋은 토질_옮긴이) 내지 점토질(점토 비율이 50퍼센트 이상인 토양_옮긴이)이면 수축 현상이 아주 뚜렷이 보인다. 토양 속에 물이 충분히 있는 한 이 토양은 어느 정도 균질적인 덩어리로 보인다. 토양이 마르면 물의 공기 쪽 경계면이 작아지고 그곳에 압력 차이가 생겨난다. 이 차이로 인해 물은 모세관 내에서 상승한다. 이때 생겨나는 물과 공기의 접촉면의 만곡은 토양의 공극이 작을수록 그만큼 더 뚜렷하게 나타난다. 그리고 양토의 경우 이 공극이 작다. 토양 입자는 이로 인해 강하게 수축되어 갈라짐 현상이 일어난다. 동시에 토양 덩어리는 돌처럼 단단해진다. 그런 상태에서는 식물이 남아 있는 물에 접근하지 못하며 뿌리도 거의 자라지 못한다. 말라 죽는 상황인 것이다.

자기 집 정원에서 이런 일이 일어난다면 당연히 넉넉하게 물을 대줌으로써 이를 해결할 수 있다. 물을 준 직후에는 그 물이 똑같은 방식으로 빠져나가지 않도록 멀칭을 해줄 수 있다. 여기에 다시 격언이 등장한다. '땅은 덮어주라!' 식물로 덮어줄 수 없다면 멀치로라도 덮어주라는 것이다. 어머니 대자연도 우리와 마찬가지로 벌거벗은 채 있는 것을 좋아하지 않는 법이니 말이다.

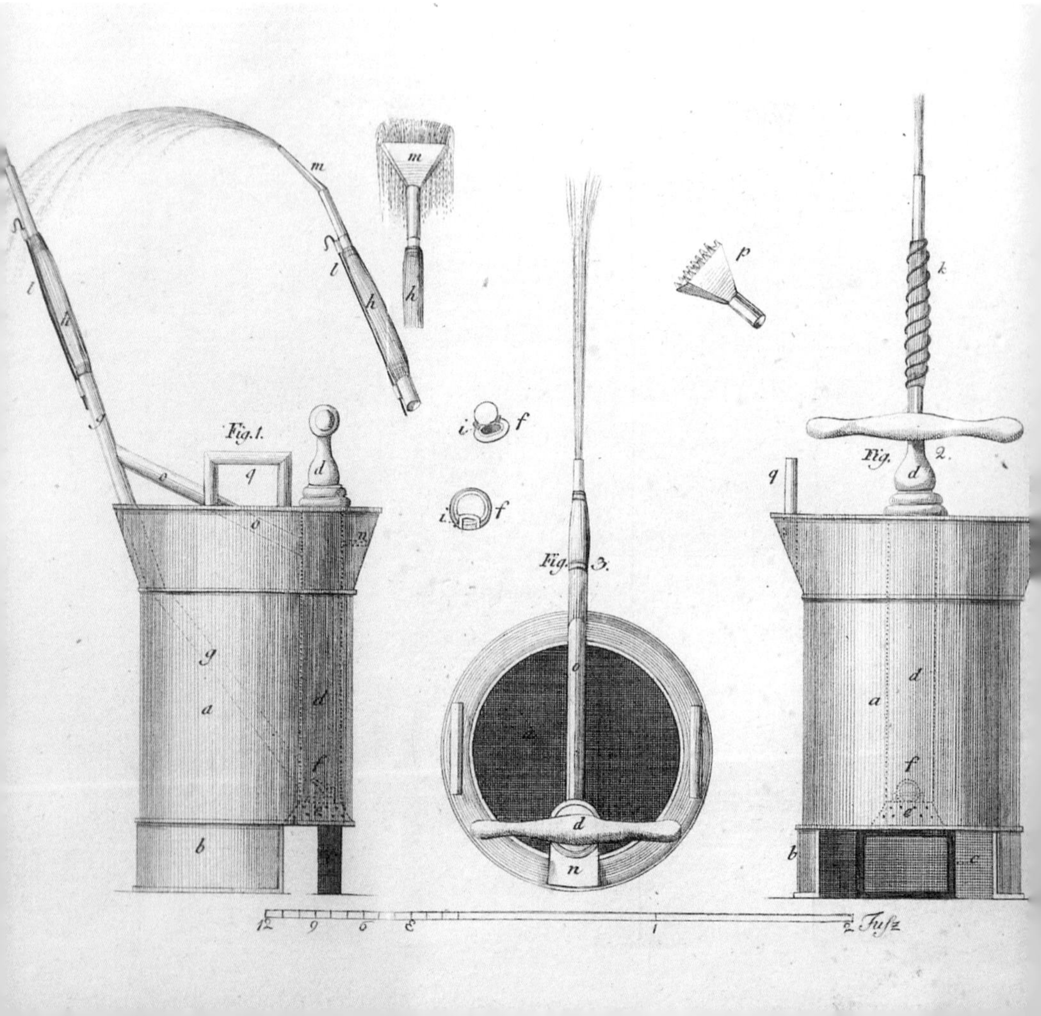

61

땅속에서는 어떤 동물이 일하고 있을까?

먼저 땅속에서는 동물만 일하고 있는 게 아니다. 곰팡이, 박테리아 및 조류(藻類)도 마찬가지로 활동하고 있다. 한 토양 내 모든 생명체를 토양생명계(Edaphon)라고 하는데, 그 대부분을 차지하는 것이 미생물이다. 미생물에 비하면 우리가 잘 알고 있는 지렁이는 엄청난 거구고 두더지는 그야말로 초대형이라 할 만하다.

곰팡이, 조류, 박테리아 및 이끼류는 우선적으로 죽은 유기체를 분해하며 토양식물계를 형성한다. 토양동물계는 토양을 부드럽게 만드는 추가적인 일을 한다. 지렁이, 지네 또는 딱정벌레 같이 토양에 사는 자그마한 동물들이 토양을 헤집고 다니는데, 그렇게 하면 어느 정도 힘을 받을 수 있는 작은 통로가 생겨난다. 이는 무척 중요하다. 이로써 비교적 깊숙한 토양층까지도 산소 공급이 가능해지기 때문이다. 두더지와 그 친척들이 하는 땅을 파헤치는 활동도 마찬가지로 이런 효과를 낸다.

이런 미네랄화(유기물이 미생물의 공격을 받아 분해되는 과정에서 유기물에 포

…ecten . XXI .

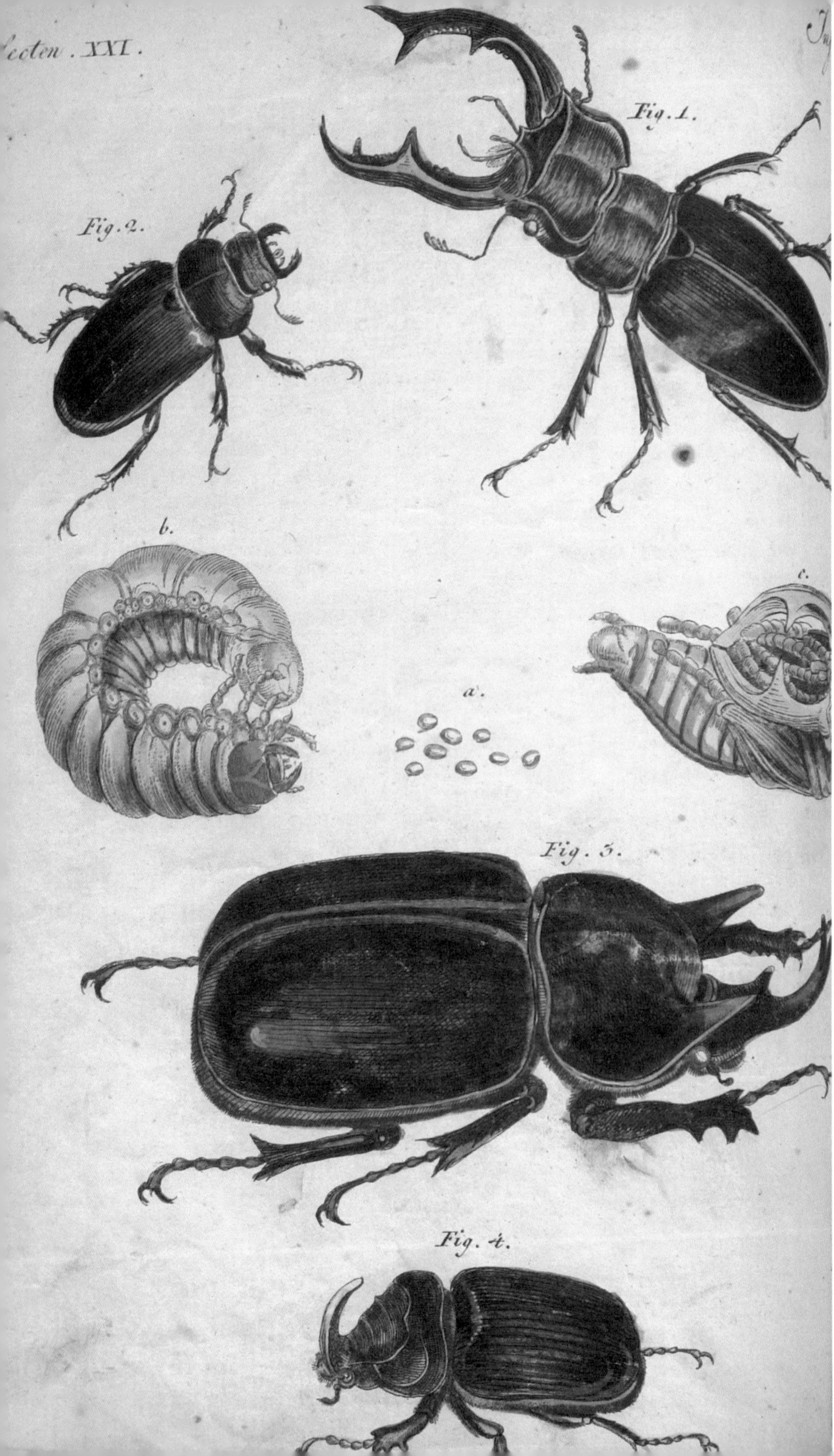

함되어 있는 원소가 식물이나 미생물이 이용할 수 있는 무기질 형태로 변화하는 과정_옮긴이)를 통해 유기물은 살아 있는 유기체들이 이용할 수 있는 영양분이 된다. 토양생명계의 비율을 보면 토양식물계가 80퍼센트를 차지해 20퍼센트를 차지하는 토양동물계를 압도한다. 흙 한 줌에는 전 지구상의 인구와 비슷한 80억 개의 생명체가 들어 있는 것으로 추정된다.

사랑스러운 지렁이

지렁이는 시각적으로 아름다운 모습을 하고 있다고 할 수는 없다. 오히려 물고기를 잡을 때 미끼로 쓰거나, 어린아이들 코앞에 들이밀어 소리치며 달아나게 하는 데 더 적합한 존재다. 흔히 꼬마들의 담력 테스트로 통하는 지렁이 먹기는 제쳐두더라도 말이다.

하지만 그 어떤 존재든 외모로 판단해서는 안 되는 법이다. 정원 토양을 가꾸는 데 가장 소중한 친구이자 조력자를 절대 그런 기준으로 평가해서는 안 된다. 지렁이라는 존재는 오물을 정원의 황금으로 바꿔준다. 지렁이는 자기가 먹을 수 있는 모든 것을 먹어치운다. 광물질도 유기물도 가리지 않는다. 또 토양 위로 떨어진 식물의 일부를 자기가 다니는 길 안으로 끌고 들어가 썩기를 기다린 다음 그것을 먹어치운다. 곁다리이기는 하지만 곰팡이 포자와 작은 유기체가 지렁이 배 속으로 들어가기도 한다.

지렁이의 배설물은 분변토라고 한다. 분변토는 이것을 분해하는 가장 작은 생명체들에게 한 차례 소화 과정을 거친, 생존의 바탕이 되는 훌륭한 양식이다. 이 지렁이들은 끊임없이 먹고 싸기 때문에 물질을 분해하고 전환하는 일 역시 쉼 없이 돌아가게 한다. 지렁이가 없다면 어떤 일이 일어날지 상상하기도 싫다.

62

도대체 거름은 왜 줘야 할까?

토양이 공급해주는 모든 것은 다시 그 토양에 공급되어야 한다. 아무런 방해를 받지 않은 자연계에서는 이런 순환이 저절로 이루어진다. 그렇지 않고는 유구한 생태계가 유지될 수 없기 때문이다. 이것은 일종의 에너지 보존의 법칙이다. 그러므로 유기물을 함유한 수확물을 거두고 나면 우리는 적절한 대체물을 공급해주어야 한다. 거름주기가 바로 그런 일이다. 옛부터 배설물은 거름으로 사용되었고, 지금도 마찬가지다. 거름은 문화권에 따라 가축의 것만 쓰기도 하고 인간의 것을 함께 쓰기도 한다. 보기에 따라서 좀 지저분할 수 있지만 이는 일상적인 일이다. 그리고 이런 정원의 황금은 그리 심한 냄새를 풍기지 않는다.

예전에도 그랬지만 똥의 형태로 된 것이 가장 좋은 거름이다. 그러나 똥은 어느 정도 묵혀서 사용해야 한다. 현대 사회를 사는 우리가 하나 더 알아두어야 할 점은, 모든 똥이 정원에 다 좋다고 할 수는 없다는 사실이다. 예컨대 대량 사육되는 짐승들은 다량의 약을 복용한다. 이런 약 성분을 자기 채소밭 토양에서 다시 발견하고 싶은 사람은 없을 것이다. 초우량 젖소나 경주마의 경우도 약을 복용하는 것은 마찬가지다. 그러므로 똥을 거름으로 사용하려면 신뢰할 수 있는 유기농 농부 또는 수의사와 만나는 일이 거의 없는 건강한 말을 소유한 농장주와 상의할 일이다. 아울러 말똥은 특별히 고급 거름으로 통한다는 사실을 덧붙인다.

세련된 포장지에 든 유기농 거름도 있다. 그러므로 동글동글한 말똥을 주워 모으는 일이 너무 촌스럽다 싶은 사람이나 시골에 살지 않는 사람은 화훼용품 전문점에 가서 다양한 거름 중에서 고르면 된다. 나는 개인적으로 양질의 저 옛날 뿔톱밥(소뿔이나 발굽을 톱밥처럼 썬 거름으로 질소 함량이 14퍼센트가량 되어 양질의 비료로 쓰인다_옮긴이)을 즐겨 쓴다. 이걸 사면 땅에 거름이 과하게 공급되는 일이 거의 없다. 거름이 아주 천천히 분해되면서 식물에게 필요한 모든 것을 다 공급해주기 때문이다. 수많은 화분 식물을 갖게 된 이래, 나는 뿔톱밥과 더불어 내가 아끼고 사랑하는 장미류에 특화된 특별한 거름도 사용하고 있다.

식물에 맞는 제대로 된 거름을 주는 일은 얼핏 초점이 식물에 맞춰져 있는 것처럼 보인다. 하지만 엄밀히 말하면 사실 초점은 토양에 맞춰져 있다. 그 토양을 우리가 돌보고 가꾸는 것이다. 식물은 똥이나 뿔톱밥을 섭취하는 게 아니라 그것들이 분해된 산물을 먹는다. 부차적이기는 하나 유기질 비료는 토양 속 생명체에게도 영양분을 제공한다.

무기질 비료는 토양 속 생명체에게는 아무런 득이 되지 못한다. 이 비료는 공장에서 생산되는 것으로, 영양성분을 함유한 염류로 이루어져 있다. 이는 물에 녹아 식물에 흡수된다. 득을 보는 것은 식물

뿐이며 토양 생명체들에게는 그림의 떡일 뿐이다. 광물질 비료는 일단 분해 과정을 거쳐야 하는 유기질 비료보다 훨씬 더 빨리 작용한다. 하지만 염류는 또 신속히 씻겨 나가 불행히도 고농도로 지하수에 다다른다. 굳이 좋게 해석하자면, 쉽게 고용량 영양염류가 될 수도 있다는 뜻이다. 하지만 그런 다음에는 식물의 뿌리가 타들어가고 그에 따른 온갖 결과가 뒤따른다.

내 생각에 정원에 광물질 비료를 주는 것은 응급 처방에 불과하다. 어떤 식물이 급성 영양결핍에 빠져 있을 때에만 적합한 일이라는 말이다. 위기에서 구조한 직후에는, 한참 뒤에 작용하는 유기질 비료로 장기적인 영양 공급을 확보해주어야 한다. 즉 수십억의 토양 내 생명체들에게 풍성한 뷔페를 한 상 차려줌으로써 사죄해야 하는 것이다. 이어서 왜 그 식물들이 굶주려야 했는가를 곰곰이 생각해보는 것이 좋다. 그런 다음 토양을 정성들여 가꾸다 보면 대개 참된 기적이 일어날 것이다.

63

토양 속 곰팡이는 왜 식물에게 도움을 줄까?

곰팡이는 대단한 긴장감을 유발시키는 생명 형태로, 식물도 아니고 동물도 아닌 존재다. 우리가 부엌에서 요리 재료로 사용하며 버섯이라고 부르는 것은 자실체(子實體)다. 이 자실체는 균사체(菌絲體)에서 자라 나온다. 곰팡이의 균사체는 식물의 뿌리와 비슷한데, 이것이 곰팡이의 본디 형태다. 이 균사체는 실 모양의 구조, 즉 서로 그물처럼 이어진 균사로 이루어져 있다. 그 외에 단세포 곰팡이도 있는데, 그중 가장 잘 알려진 것이 효모다.

적응 능력, 거대한 다양성 및 전 세계적 분포를 감안할 때 곰팡이는 아주 오래된 생명 형태라고 추론할 수 있다. 곰팡이가 식물과 다른 점은 엽록체를 갖고 있지 않아 광합성을 하지 못한다는 사실이다. 게다가 곰팡이의 세포벽 속에는 식물에 일반적으로 존재하는 셀룰로오스 대신 식물에게는 없지만 동물, 예컨대 곤충에게는 있는 키틴질(質)이 나타난다. 곰팡이는 식물보다 동물에 더 가깝기는 하지만(해면이나 산호처럼 움직이지 못하는 동물도 있으니까), 세포벽이 있으며 동물 특유의 기관과는 거리가 먼 액포(세포 내의 공간으로 막으로 둘러싸여 있으며 액체로 가득 차 있다. 이 공간에는 단백질, 색소, 쓴맛 나는 성분과 독성물질 또는 타닌 성분이 들어 있다. 이 액포가 꽉 차 있으면 세포가 팽팽해진다)도 지닌다. 곰팡이가 자실체를 만들기는 해도, 그 뿌리인 균사체는 고차원적인 유기체의 형태와는 거리가 멀다. 말하자면 '신체 부위'가 제각각 작동하는 것이다.

곰팡이는 빛을 먹고 살 수 없으므로 다른 영양원을 개척해야 한다. 그래서 살아 있거나 죽은 물질로부터 영양분을 섭취하는 것이다. 이들은 특히 죽은 동식물을 분해할 때 눈부신 솜씨를 발휘한다. 그 어떤 생태계도 곰팡이 없이 혼자 싹쓸이부대 역할을 해낼 존재를 찾지는 못할 것이다. 그런데 토양 속에서 살아 있는 식물을 이용해서 살아가는 곰팡이 종류도 있다. 식물의 뿌리에 자리를 잡고 이 뿌리와 공생관계를 맺는 곰팡이다. 이를 균근(菌根)에 의한 공생이라 한다. 식물과 곰팡이 둘 다 이 공생을 통해 이익을 누린다. 곰팡이의 균사체는 입을 벌리고 먹기만 하면 되는 정도로 식물의 뿌리에 영양물질을 쉽게 공급해준다. 이에 더하여 유해 곰팡이류 및 진딧물을 막아주기도 한다. 그러면 식물은 유독 힘차게 성장할 수 있으며 다량의 동화(同化) 산물, 즉 광합성을 통해 만들어진 결과물을 형성할 수 있다. 곰팡이는 여기서 만들어진 탄수화물을 반대급부로 받는다. 완벽한 거래다. 왜냐하면 곰팡이는 스스로 탄수화물을 만들지 못하기 때문이다.

정원 식물들은 유리한 효과를 얻기 위해 균근균(菌根菌)을 통해 예방접종을 한다. 그러나 6,000종이나 되는 균근균은 각각 특정 식물에 특화되어 있다. 그래서 예컨대 '장미 균근균' 같은 것을 만들어내는 일은 거의 불가능하다. 그러니 자기 장미를 장미 균근균으로 처리하려 한다면 온갖 곰팡이 무리를 장미 동산에 뿌려보아야 한다. 장미 전문가가 그중에서 적합한 균근균을 찾아주리라는 희망을 갖고서 말이다. 그럼에도 불구하고 균근균의 적용은 효과가 있다고 간주되므로 권장할 만하다(균근균은 숙주식물의 뿌리에 침입해 그 식물의 광합성 산물을 섭취하고 대신 숙주식물의 뿌리가 직접 닿지 않는 먼 곳의 토양무기물을 숙주식물에게 공급해준다_옮긴이).

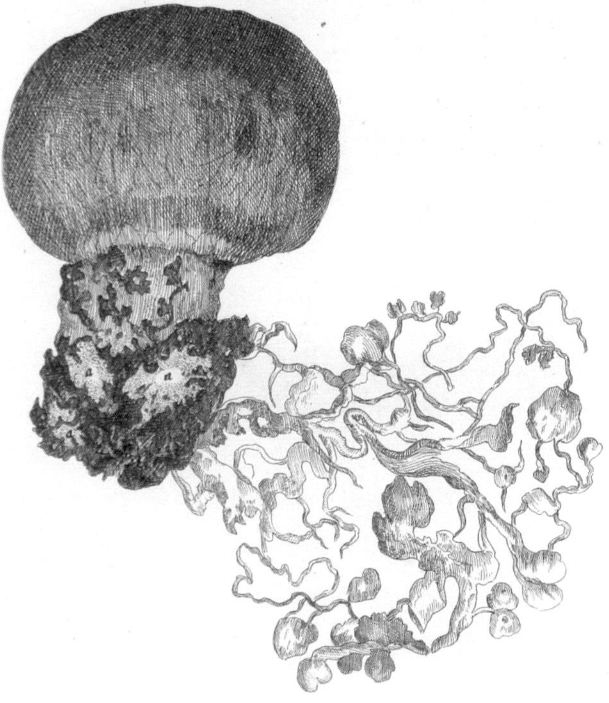

64

토양 속에는 무엇이 살고 있을까?

토양 속에서 살아가는 모든 동물이 다 유기물을 분해하는 일을 하지는 않는다. 그들 대다수는 오히려 그곳에 들른 손님으로서 그 땅을 자기 거처로 이용한다. 비교적 너른 땅을 한번 갈아보면 그 동물들을 만나거나 그들이 남긴 흔적을 보게 될 것이다.

가장 불쾌감을 주는 동물 중 하나인 들쥐가 오가는 통로에서부터 시작해보자. 이 통로는 두더지(다음 페이지 그림 참조)의 것처럼 그리 둥글지는 않고, 오히려 터널 모양이며 수많은 갈림길이 나 있다. 이 통로 안에서 들쥐들은 자기 구역을 돌아다니면서 통로 시스템을 새로 뻗은 식물 뿌리가 있는 곳까지 확장한 다음 그 뿌리를 먹어치운다. 들쥐는 원예식물을 특히 즐겨 먹으며, 먹성도 꽤나 좋아서 정원사에게 큰 피해를 입힐 수 있다. 나도 식물을 심은 지 몇 주 만에 들쥐에게 몽땅 빼앗긴 경험을 일일이 열거할 수 없을 정도다. 튤립과 백합 알뿌리를 몇 바구니나 심었는데도 꽃이 몇 개만 듬성듬성 핀 경우는 더 많다. 한탄해봤자 소용없다. 들쥐는 박멸해야 한다. 새로운 식물을 계속 먹잇감으로 보급해줄 생각이 없다면 말이다. 그러나 나는 이런 경우에도 쥐약은 절대로 사용하지 않는다. 지금까지 가장 효과가 좋았던 것은 톱캣(Top-Cat)이라는 쥐덫이었다(원통형으로 쥐가 다니는 통로에 설치한다_옮긴이). 식물을 갉아 먹는 이 설치류에 관심을 보이는 영리한 고양이가 하필 한 마리도 없다면 사용해볼 것을 추천한다.

딱정벌레 유충이라고 불리며 꽤나 통통한 몸집으로 토양 속에서 쉬고 있는 조그마한 하얀 굼벵이도 성가신 존재다. 이 애벌레도 뿌리를 먹고 살기 때문이다. 물론 이 애벌레 한 마리가 먹어치우는 양은 들쥐에 비하면 훨씬 적지만, 혼자서 달려드는 경우가 흔치 않다는 게 문제다. 이 애벌레는 역시 식물을 먹어치우는 왕풍뎅이나 암피말론 솔스티티알리스(Amphimallon solstitiale. 독일에서는 '6월풍뎅이'라고 부른다_옮긴이) 그리고 익충인 유럽남방장수풍뎅이의 유충과 매우 비슷하다. 이 애벌레들을 구별하려면 우선 그 크기를 보면 된다. 애벌레의 길이가 7센티미터(!)를 넘으면 손대지 않는다. 이건 유럽남방장수풍뎅이 애벌레다. 다른 모든 애벌레는 잡아서 지빠귀 밥상에 올려준다. 그러잖아도 이 새는 내가 땅만 파헤치면 늘 숨어서 상황을 지켜본다.

벌의 일종인 애꽃벌의 통로는 눈에 잘 띄지 않는다. 둥그런 구멍 주위로 평평하게 뭘 쏟아놓은 듯한 작은 더미가 있다면 이건 애꽃벌이 있다는 표시다. 이 벌은 집단을 형성하지 않고 암컷들만 땅속에서 부화에 정성을 들인다. 이 구멍은 통로 시스템으로 이어진다. 이 통로 시스템 내 수많은 막다른 곳에 각각 알 하나와 넉넉한 먹이가 함께 놓인다. 이 먹이는 알에서 부화한 유충이 번데기가 될 때까지 먹기에 충분한 양이다. 번데기는 성체가 된 뒤에, 그러니까 1년 뒤에야 비로소 이 구조물을 떠난다.

뒤영벌에게는 더 많은 자리가 필요하다. 500개체가 모여 하나의 군집을 형성하기 때문이다. 그 시작을 여왕벌이 봄에 혼자서 다 한다. 여왕벌은 많은 수고를 요하는 집 짓기는 못한다. 그렇게 할 시간이 없어서다. 그래서 뒤영벌의 여왕벌은 버려진 두더지 통로나 쥐구멍으로 들어가서 부지런히 첫 알을 낳고 돌본다.

토양 속에는 지금 이야기한 것보다 훨씬 더 많은 존재가 살고 있다. 그냥 땅을 한번 파보는 것만으로도 놀라운 여행이 될 것이다.

65

식물은 산성 토양을 좋아할까?

두말하면 잔소리다. 하지만 산성이 너무 강해지면 대다수 식물로서는 더 이상 좋아할 일이 없어진다. 토양의 산성화가 일정 수준에 이르렀다는 것은 즐거운 일이 아니기 때문이다.

토양 수분, 즉 토양 공극 내에 존재하는 수분까지 포함하는 용액의 산 함유량은 pH로 표시된다. 측정값의 수치는 1부터 14까지다. pH가 7이면 그 용액은 중성이 된다. 값이 7보다 적으면 산성이라 하고 7을 넘으면 알칼리성이라 일컫는다. pH가 2면 레몬즙 수준에 해당하며, pH가 9면 세탁용 세제와 같은 수준이다.

토양의 pH는 식물의 생육에 영향을 미친다. 우리 정원에서 볼 수 있는 대다수 식물을 위해서는 토양을 6.5에서 6까지의 약산성으로 유지하는 것이 좋다. 토양의 pH가 중성에서 알칼리성에 해당하면 철분이 고정되어버려 식물이 이용할 수 없는 정도가 된다. 철분이 결핍되면 말라비틀어지는 위황병으로 이어진다. 이 병에 걸리면 잎이 누렇게 변한다. 엽록소가 감소하기 때문이다. 이것은 식물이라는 하나의 생명 시스템을 위협하게 만든다. 엽록소가 없으면 광합성을 할 수 없고, 광합성을 못하면 식물이 존재하지 못하기 때문이다.

pH 수치는 하늘에서 뚝 떨어지는 게 아니라 토양의 구성 성분을 통해 만들어진다. 모질물뿐 아니라 부식토의 함량과 점토광물(토양 내에 들어 있는 규산염 광물로, 2마이크로미터 이하인 점토입자와 비슷한 크기의 광물을 말한다_옮긴이)이 함께 이 수치에 영향을 미친다. 점토 함량이 많지 않으면서 유기물 함량이 상대적으로 높으면 보통 pH 5 정도의 산성 토양이 된다. 이 pH가 6으로 올라가면 점토의 함량이 5~12퍼센트 정도이며 6을 넘어가면 점토 함량이 13퍼센트를 초과한다.

이런 사실은 일반적인 재배식물들이 약산성뿐 아니라 어느 정도 점토를 함유한 토양도 선호함을 드러내준다. 딸기, 유럽블루베리 및 감자의 경우 토양이 더 산성이어도 괜찮고, 배추는 더 알칼리성이어도 괜찮다. 예쁜 살갈퀴는 토양의 pH 수치에 크게 영향을 받지 않는다. 이 식물은 pH 5~8 사이면 다 잘 감당한다. 수국, 철쭉, 진달래, 에리카, 히말라야양귀비 또는 동백나무(그림 참조) 같은 식물을 좋아한다면 토양 산성도가 다소 높은 땅, 즉 pH 4.5에서 5.5사이의 땅이 있는지 둘러보아야 할 것이다. 이보다 수치가 높으면 이 식물들의 성장이 영 시원찮으며 철분을 제대로 흡수하지 못한다. 위황병이 나타난다는 것은 이들에게 토양이 충분한 산성이 아니라는 확실한 표시다.

산성이 아닌 토양에서 에리카와 진달래가 만발한 꿈의 정원을 고수하려면 토양을 산성화해주어야 한다. 부식토와 침엽 그리고 암모늄을 넉넉히 뿌려주면 pH 값이 떨어진다.

하지만 취미로 정원을 가꾸는 이들은 대개 토양이 너무 산성화되어 있다고 생각한다. 그들은 온갖 다양한 식물을 다 심으려 하기 때문에 진달래는 그리 중요한 존재로 여기지 않는다. 그래서 상황이 심각한 경우에는 두엄더미와 석회를 넉넉히 넣어주어 산도를 중화시켜 주기도 한다.

66

땅 위에 계속 물웅덩이가 생기면 어떻게 해야 할까?

거의 매년 봄마다 한결같다. 정원일을 시작해도 될 때까지 기다리지 못하고 3월 초에 벌써 햇살 드는 날들을 고대하는 것이다. 그 시기에는 토양이 아직 제법 젖어 있다. 이런 사소한 점 때문에 정원에 발을 들여놓지 말아야 할까? 이는 어떤 토양이 정원의 바탕을 형성하고 있는가에 따라 다르다. 사실 토양에는 별 문제가 없다. 하지만 토양의 점성이 크다면 토양이 마를 때까지 기다리는 게 좋다. 사람 몸무게가 가하는 하중으로 인해 토양 밀도가 높아질 수 있기 때문이다. 정확히 말하면 이런 현상은 겨울에도 내내 일어날 수 있다. 하지만 그렇다고 12월부터 2월까지 줄곧 정원 출입을 삼갈 이유는 없다. 땅이 얼어 있으면 밟아도 다져지지 않기 때문이다.

독일 위도대에서는 겨울의 강우량이 꽤 많다. 빗물은 토양 속에 모인다. 물이 필요해서 적극적으로 흡수하는 식물이 거의 없기 때문이다. 물 소비자인 모든 활엽수, 거의 모든 관목류 및 모든 한해살이 꽃이 다 지고 없다. 태양 역시 별 힘을 쓰지 못해 토양의 표면 아래는 건조시키지는 못한다. 그래서 토양이 해면처럼 물을 가득 머금고 있게 된다.

이때 그 토양에 지나치게 강한 하중을 가하는 것은 물을 바깥으로 짜내 그 바닥을 다지는 일과 같다. 다져진 토양이 그대로 지속되지 않도록 주의해야 한다. 가만히 두면 토양이 눌린 쿠션 펴지듯 원래대로 부풀어 오르지는 않기 때문이다. 땅이 좀 더 건조해지면 신속히 행동에 나서서 그렇게 생겨난 발자국을 깊이 뒤적여 땅을 다시 폭신하게 만들어주어야 한다. 다음번에 비가 올 때나 물을 줄 때에 물이 그곳에 고이지 않고 신속히 토양 속으로 흘러 들어가면 토양 재생에 성공한 것이다.

토양이 균질적으로 폭신폭신한지 알아보려면 여름철에도 물웅덩이가 끈질기게 생기는지, 생긴다면 어느 곳에 생기는지 주의를 기울여 살펴보는 게 좋다. 토양의 통수성이 충분히 양호하다면 그런 물웅덩이는 생기지 않는다. 그런 곳을 발견했는데 그곳에 조만간 화초를 심어야 한다면 삽이나 교토기(흙을 뒤적여 섞어주는 도구_옮긴이)로 흙을 뒤적여주어야 한다. 물론 빗물이 빠지고 토양이 다시 마른 뒤에 말이다.

하지만 정원 전체가 항상 늪처럼 물이 차서 땅을 뒤적여주고 파내는 것으로는 해결이 안 되는 경우도 있다. 이때도 토양 어느 곳이 다져져 있음이 분명하므로 습한 서식지를 만들 생각이 아니라면 이런 부분을 제거해주어야 한다. 건축 공사를 하고 난 뒤에 이런 곳이 심심찮게 생긴다. 중장비를 이용하거나 화물차가 드나드는 바람에 토양이 다져진 탓이다. 토양이 지속적으로 다져져 물이 항상 반복적으로 고여 있으면 배수시설을 마련하는 수밖에 없다.

CHAPTER 6

식물을 보살피는 올바른 방법

67

식물이 물을 원하는지 어떻게 알까?

식물이 말라 시들 때까지 기다리면 안 된다. 그러면 이미 너무 늦다. 식물은 자기 잎 모양을 통해 물을 충분히 공급받았는지 아닌지를 보여준다. 잎이 좀 시원찮다 싶으면 이미 물이 부족한 것이다. 우리가 첫 번째로 해야 할 일은 식물을 정확히 관찰하는 것이고, 두 번째로 해야 할 일은 흙을 체크하는 것이다. 이 경우 나는 손가락 테스트를 통해 땅이 너무 마른 건 아닌지, 아니면 너무 축축한 건 아닌지 확인한다.

땅이 과도하게 젖어 있을 때와 말라 있을 때 우리 눈에 보이는 증상은 동일하다. 건조하다는 것은 식물에게 줄 물이 토양 또는 기질(基質) 속에 전혀 또는 거의 없다는 말이다. 습하다는 것은 뿌리가 무기력해져서 더 이상 물을 공급해주지 못한다는 뜻이다. 이 두 가지 현상은 동일한 결과를 낳는다. 식물들이 보급품을 받지 못해 그 세포의 팽압이 내려가는 것이다. 말랐을 때는 물만 조심스레 주면 되지만, 젖은 상태는 회복하기가 더 어렵다. 하지만 두 경우 다 식물에 해를 입히는 것은 마찬가지다.

한번 완전히 젖은 나무는 회복하기가 매우 어렵다. 대개 가지치기를 하거나, 화분식물의 경우 분갈이를 한 다음 조심스럽게 다시 심어주어야 겨우 목숨을 구할 수 있다. 초본식물의 경우에는 어려움을 겪기는 하지만 때로 다시 완전히 기운을 되찾아 계속 생장하기도 한다. 무법자처럼 아주 무성하게까지는 아니어도 말이다.

어떤 식물이 실제로 어느 정도의 물을 필요로 하는지 알아두면 매우 도움이 된다. 진짜 '술꾼'인 식물(수국, 협죽도, 방동사니)도 있고 건조의 예술가인 식물(지중해성 허브류, 다육식물)도 있다. 이에 대해 좀 자세히 알고 있는 것이 좋겠다.

식물이 어느 정도의 물을 필요로 하는지 아는 방법

특성, 외관, 단계	물을 좀 줄 것	마른 상태로 둘 것
싹 트는 단계	○	
과육 형성	○	
보드랍고 큰 잎	○	
딱딱하고 작은 잎		○
단단하고 튼실한 싹에 반짝이는 밀랍이 씌어짐		○
겨울 휴식기에 낙엽 짐		○
겨울 상록	○ (적당히 줄 것)	

68

잔디를 깎아주지 않으면 어떤 일이 일어날까?

잔디밭이 저절로 그림책에 나오는 꽃 피는 초원으로 변하는 일은 유감스럽게도 일어나지 않는다. 잔디밭은 풀들로 가득하며, 민들레, 데이지 같은 꽃들이 사방에 흩어져 있다. 잔디밭의 풀들은 비교적 큰 키로 자라다가 시간이 지나면 스러진다. 그리고 전체적으로 초록색이기는 하지만 정말 멋진 모습은 아니다.

잔디를 어떻게 할지 결정을 내려야 한다. 기계로 깎아낸 잔디밭은 생태적으로는 상당히 빈약하지만, 어쨌거나 정원 내의 양호한 미기후를 형성하는 데 기여한다. 잔디밭이 물을 증발시켜주는 덕분이다. 포석(鋪石)이 깔린 길이나 그 외 다른 봉인된 평지보다는 상황이 훨씬 더 좋은 것이다. 이는 이를테면 길과 평지를 잔디로 덮어 짧게 깎아주자는 초대장이어야 한다.

하지만 '진짜' 잔디는 꼭 필요한 정도에 국한해서 심기 바란다. 비교적 키 큰 풀들이 자라는 초원 사이로 보행로를 내고 거기에 잔디를 심은 다음 바투 깎거나, 초원 한복판에 앉을 수 있는 시설이 갖추어진 작은 섬 같은 공간을 만들어 잔디를 심어 가꾸어도 좋을 것이다. 초원에는 가외로 씨를 뿌려주어야 하며, 뒤섞여 자라는 여러 풀이 빛도 잘 받고 토양과도 어울리도록 가능한 한 신경을 많이 써주어야 한다. 심지어 영양분이 별로 없는 토양에서도 이런 일을 할 수 있다. 척박한 초지(이상적인 경우 해가 가장 잘 드는 곳에 위치한)가 식물들이 정말 환호하는 곳이 될 수 있고 엄청난 수의 식물 종을 불러들일 수 있으며, 이는 다시 다양하기 그지없는 곤충들에게 큰 이익을 가져다준다. 주변을 둘러보시라. 여러분 집 정원 담장 앞에 별로 손을 타지 않고도 왕성하게 자라는 식물이 있으면 그 씨앗을 채취해서 여러분의 초원에 '예방접종'을 해주도록 하라. 토박이 식물에게는 무조건 우선권을 주어야 한다. 다른 대륙에서 온 식물들(코스모스, 캘리포니아포피 등속)이 초원의 풀 사이에서 늘 되풀이하여 씨앗으로 존재하더라도 말이다. 초원에 토박이 풀이 많을수록 우리 고향의 곤충계에도 더 좋다.

그러나 아주 비옥한 토양에서도 초원 식생이 나타나 우리 눈에 띌 수 있다. 여기에서 발견되는 것들로는 수레국화, 개양귀비(그림 참조) 또는 애기미나리아재비 같은 종들이 있다.

초지는 적어도 한 해에 한 번은 풀을 베어주어야 한다. 이 일을 해야 하는 대표

적인 시점은 대개 초여름, 그러니까 6월 중순이다. 초원 역시 인간 행위의 산물이며, 놀랍게도 진정한 다양성이 여기에서 나타난다는 점을 기억하도록 하자.

대표적인 초원 식물

여기에 열 가지 식물을 엄선하여 제시한다. 이들은 자연계의 초원에서 자라며 어느 정도 비옥한 정원 토양에서도 잘 자란다. 씨앗은 개인용으로 쓸 경우 채취해도 좋다.

옥스아이데이지(Leucanthemum vulgare)
살비아 프라텐시스(Salvia pratensis)
저먼캐모마일(Matricaria chamomilla)
서양톱풀(Achillea millefolium)
붉은토끼풀(Trifolium pratense)
갈기동자꽃(Lychnis flos-cuculi)
초원수레국화(Centaurea jacea)
서양벌노랑이(Lotus corniculatus)
개양귀비(Papaver rhoeas)
애기미나리아재비(Ranunculus acris)

69

토양 덮어주기는 어떤 경우에 하면 좋을까?

토양 덮어주기, 즉 멀칭은 거의 모든 경우에 유의미하다. 죽어 없어지는 식물의 물질로 구성된 멀칭 층은 자연계에서 저절로 일어나는 일의 복사판이다. 멀칭 층은 너무 두터워져서는 안 되며 잘게 부서진 식물성 물질이 가능한 한 여럿 뒤섞인 것으로 구성되어야 한다. 그러나 단점도 있다. 목재 같은 것은 분해될 때 토양의 질소를 빼앗아 가므로 질소 공급이 부족해질 수 있다. 따라서 생나무를 잘게 부수어 멀칭을 할 경우 항상 질소를 보충해주어야 일시적인 질소 부족 현상을 피할 수 있다. 잡초를 베어 멀칭을 하면 달팽이를 끌어들일 수 있는데, 이 달팽이들은 죽은 식물에만 만족하지 않고 틀림없이 재배식물에도 눈독을 들일 것이다. 민감한 재배식물에게 멀칭이란 그런 것이다. 그 외에 멀칭용으로 사용되는 정원 폐기물을 통해 곰팡이 포자나 후막포자(무성포자로 세포막이 두터워 생명력이 강하다_옮긴이)도 널리 퍼진다. 그러므로 병든 식물 부위는 생쓰레기를 버리는 곳에 던져넣는 것이 좋다. 정원에서는 식물 '위생'에 더 유념해야 한다.

발밑에 깔린 멀칭 층보다 가래질을 통해 개방된 토양을 더 좋아하는 식물도 있다. 장미가 좋은 사례다. 적어도 장미 바로 근처에는 토양에 아무것도 없어야 한다. 채소(그림 참조)는 그 반대다. 채소밭은 멀칭 층을 통해 큰 이익을 본다. 이유는 간단하다. 수분이 일정한 수준으로 유지되므로 식물들이 물 부족의 고통을 덜 겪기 때문이다.

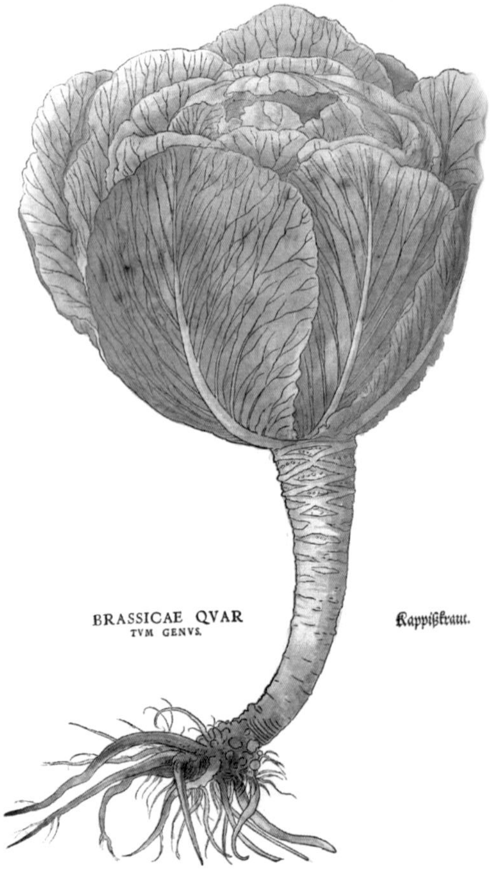

시판용 나무껍질로 멀칭을 하면 뭐가 좋을까?

병든 부위가 없는 식물은 그 전체를 두엄더미에 넣어도 된다. 그리고 두엄더미는 토양 멀칭용으로 아주 적합하다. 더 간단한 방법은 아직 분해되지 않은 식물성 폐기물을 잘게 잘라서 직접 식물들 사이의 토양 위에 뿌려주는 것이다. 잔디 깎은 것까지도 멀칭용으로 사용할 수 있다.

다만 주의할 점이 있다. 멀칭 층이 너무 두터워지지 않도록 하고, 습기로 인해 서로 달라붙어 덩어리지는 일이 없도록 해야 한다는 것이다. 특히 잔디 깎은 것은 입자가 고와 이런 일이 일어날 수 있다. 안심이 되지 않는다면 잔디 깎은 것을 목재 파쇄기에서 나오는 비교적 성긴 물질들과 뒤섞어주면 된다. 푸석푸석한 가을철 낙엽도 멀칭에 아주 적합하다. 숲속에서는 낙엽이 토양 위에 덮이는 것이 자연스런 일이다.

정원은 멀칭에 쓰이는 물질을 충분히 계속해서 무료로 제공해준다. 그런 까닭에 멀칭용 재료를 돈 주고 사는 것은 불필요한 일이다. 주로 어두운 색깔의 나무껍질로 토양을 덮어주는 것은 '제대로 된' 정원사들이 즐겨 사용하는 방법이기도 하다.

이를 따라 해보려는 사람은 다음 사실을 기억하기 바란다. 목질은 1차 분해될 때 토양의 질소를 빼앗아가므로 질소비료를 보충해주어야 한다. 솔직히 말하자면 나무껍질 멀칭은 너무 비쌀 뿐 아니라 (품질이 좋으면 값이 비싼 법!) 너무 품도 많이 든다고 생각한다. 나로서는 토양 개선에 나무껍질이 필요하지 않다. 그러나 걸어 다니기에 편안한 보도(步道)를 정원 안에 내고자 한다면 나무껍질을 깔아주는 것이 좋다. 돌보다는 훨씬 더 자연스러운 느낌을 주고, 흙바닥이 막혀버리지 않으며, 유리한 미기후 형성도 촉진되기 때문이다.

70

화학적 식물보호제 사용은 늘 나쁠까?

항상 나쁘다. 화학적 식물보호제를 쓰는 것은 자연계에서 이루어지는 과정에 끼어드는 행동으로, 생태계가 균형을 향해 나아가는 일을 방해한다.

예컨대 장미(그림 참조)가 곰팡이 피해를 입었을 때 화학약제에 의존해 이를 퇴치한다면, 그건 충분치 못한 조치다. 곰팡이 발생의 원인은 제거하지 않은 채 증상만 없앨 뿐이기 때문이다. 나는 혹 품종을 잘못 선택한 건 아닌지, 부적합한 곳에 식물을 심고 잘 자라기를 바란 건 아닌지 살핀다. 약제 사용은 언뜻 정원을 가꾸는 편한 방식으로 보이지만 사실 생각 없는 처신이다. 마치 몸이 아플 때 즉각 항생제를 복용하는 것과 같다. 항생제를 복용하면 그 순간에는 도움이 된다. 그러나 우리 몸의 시스템 전체가 항생제 투입의 부정적 영향을 받게 된다. 그런 영향에서 작은 상처 하나 없이 다시 완전히 재생될 수 있는지도 매우 의문스럽다.

장기적으로 보면 우리 몸 안을 살피듯 정원 안에서 일어나는 일에 주의를 기울이고, 원인을 알아내 대응하는 것이 훨씬 덜 소모적이고 훨씬 더 지속성이 있다. 다시 장미를 예로 들어 말하자면, 이 식물을 옮겨 심어야 한다는 뜻이다. 최적의 장소(통기성이 좋고 빛이 잘 들며 거름이 적당히 뿌려진 곳)로 옮겨 심으면 장미는 곰팡이의 침습 없이 살 수 있다. 이미 그런 적당한 곳에 심어져 있다면 품종 자체가 곰팡이에 취약한 건 아닌지 살펴보아야 한다. 장미를 사랑하는 장미 전문가인 나조차도, 정원 생태계가 뒤죽박죽되는 것을 감수하고 식물용 화학 약제를 사용해야 할 정도로 아름다운 장미는 없다고 생각한다. 결국 그런 일회성 조치의 효과는 애당초 별로 좋지 않은 상태를 인공적으로 좀 바꿔주는 것에 불과하다.

더 이상한 일은 식물을 빨아 먹고 갉아 먹는, 예컨대 곤충이나 달팽이를 박멸하기 위해 화학적 식물보호제를 사용하는 것이다. 그건

해충을 먹어치우는 유용한 아군의 밥상을 빼앗아버리는 동시에 그들을 떠나게 만드는 일일 뿐이다. 그렇게 하면 무당벌레, 맵시벌 및 새들로 이루어진 구원의 기사단은 끝장난다. 우리의 조력자이자 친구인 존재들도 독성물질에 중독되어버리는 것이다. 큰 틀에서 봤을 때, 잘 돌아가는 정원의 전체 시스템을 위험에 빠트리기보다는 여기저기서 꽃과 잎을 좀 손해 보는 편이 더 낫다.

해충이 공격적으로 출현하면 본디 모든 걸 감당해내는 지원부대라 하더라도 당연히 힘에 부친다. 외래종 곤충이나 달팽이 종류가 바로 이런 버거운 해충이다. 독일에는 이들의 천적이 없다. 그러나 그렇다고 하더라도 대개의 경우 화학적 식물보호제의 투입은 지양하는 것이 좋다. 대안, 그러니까 토양과 동물에게는 물론이고 결국에는 나 자신에게도 가장 부담을 적게 주는 다른 방법을 찾아야 한다. 그런 대안이 되는 약제들에는 나름의 사용법이 있다. 경우에 따라 그런 약제들은 효과가 직접적으로 나타나지 않기도 한다. 또 '살상효과'를 확실히 보장해주는 중화기가 동원되어야 부분적으로 비교 가능한 효과가 나타나기도 한다. 그래도 화학적 식물보호제에 대한 내 생각에는 변함이 없다. 어떤 수단도 듣지 않는 경우라면 나는 정원 식재를 현실에 맞게 조정한다. 예컨대 달팽이의 출현을 아주 빈번히 야기하는 식물을 포기하거나, 수확물 또는 꽃밭을 각자의 운명에 맡겨버리고 다음에 뭘 심고 가꿀지를 고민하는 것이다. 전문적으로 채소를 키우거나, 꽃꽂이용 식물을 재배하거나, 과일 농사를 짓는 이들과는 달리, 나는 최대 수확량에 목을 매고 있지 않으니 손실을 허용할 수 있다. 이건 내가 취미 정원사로서 누리는 특권이다. 물론 안타까움이 없지는 않지만 말이다.

71

정원 바닥을 포장하면 무슨 일이 일어날까?

바닥을 덮어 봉인해버리면 물과 공기가 토양과 대기를 자유롭게 오가지 못한다. 이렇게 되면 토양을 비옥하게 만드는 일(더불어 그 외의 일까지)을 해주는 토양 유기체들이 죽어버린다. 식물과 토양 유기체를 통한 여과기능은 더 이상 작동하지 않는다. 또 먼지 같은 유해물질이 공기 중에 떠돌거나 하수관으로 빠져나가 공기와 하수관에 해롭게 작용한다. 포장된 표면에서는 공기가 데워지고 눈에 띄게 더 건조해진다. '독방 감금' 상태이거나 '장식용 포인트'로 식재된 식물들은 그런 포장으로 인해 이웃 식물들과 함께 정원에서 자랄 때보다, 말하자면 자신이 원래 있어야 하는 곳에 있을 때보다 훨씬 더 큰 스트레스를 받는다.

이런 식으로 가면 나중에 곤충의 다양성만이 아니라 토박이 동물계의 다양성까지 감소한다. 이 역시 자명하다.

마당을 포장하거나 잔돌을 깔면 마당 관리가 용이하다고들 말한다. 그런 이유로 이를 위한 재료들이 각 가정으로 팔려나간다. 하지만 마당을 포장하거나 잔돌을 깐다고 해서 마냥 편해지는 것만은 아니다. 물론 그렇게 하면 더 이상 잡초를 뽑을 일도, 웃자란 풀을 벨 일도, 잔디를 깎을 일도, 시든 꽃을 정리할 일도 없다. 하지만 대신 돌을 어느 정도 깨끗하게 유지하는 일에 신경을 써야 한다. 앞뜰이나 테라스 주변이 지저분해 보여서는 안 되기 때문이다. 그렇게 조류(藻類), 바람에 떨어진 나뭇잎, 모여 쌓이는 작은 흙 부스러기 그리고 그 속에서 싹 트는 잡초들이 치워야 할 지저분한 것들이 된다. 유감스럽게도, 이렇게 돌 깔린 땅을 깨끗하게 유지할 때 생태적으로 수용 가능한 방식을 써야 한다는 양심적 생각이 줄어들고 있는 것 같다. 어차피 인공적인 것이 눈앞에 있으니 작은 땅뙈기를 생태적으로 포기해 버리는 듯하다. 뛰어난 세척력을 이유로 마당의 굵은 자갈을 청소할 때 변기세정제를 사용하라는 권유를 하는 사람까지 있으니 말이다. 그런 방법을 쓴다면 도대체 지하수는 어떻게 되겠는가.

정원과는 완전히 다른 위생 규칙이 적용되는 주택을 지음으로써 우리는 이미 자연 환경의 많은 공간을 빼앗아버렸다. 이 점을 염두에 두어야 한다. 집을 둘러싼 작은 땅뙈기를 망치는 일은 다시 하지 않아야 한다. 이건 지성과 열정을 갖춘 우리 인간의 명예가 걸린 일이다.

필요 이상의 돌과 포장재를 투입하는 것은 결국 건자재 판매상의 배만 불리는 일이다. 다른 모든 것은 빈곤에 빠진다. 종의 다양성, 정원의 균형 잡힌 미기후, 그 안에서의 삶의 질, 식물에게서 느끼는 기쁨, 지하수의 품질, 생태적 유용성 등에 문제가 생기는 것이다. 정말 그렇게 되길 원하는가?

72

커피 찌꺼기는 정말 좋은 비료일까?

물론이다. 그렇지만 퇴비로 사용할 때, 즉 두엄더미에 버릴 때는 가급적 여과지 비율이 크지 않게 유지해야 한다. 또 직접 토양에 뿌릴 때는 여과지를 제거한 커피 찌꺼기만 퇴비로 사용하는 것이 좋다. 차 종류의 찌꺼기도 마찬가지다. 커피와 차의 찌꺼기는 다름 아닌 잘게 부수어진 식물성 물질로, 뜨거운 물을 한 차례 뒤집어썼을 뿐이다. 이들은 사람이 먹는 음료로 제공되었으니 토양이나 식물에 유해한 물질을 내놓지 않는다.

커피와 차의 찌꺼기는 토양 유기체를 끌어들이고, 이 유기체들은 곧장 분해 작업에 들어간다. 유기물 속에 들어 있는 영양성분들이 바깥으로 나오고 식물들은 이를 활용한다. 커피의 경우 눈에 띄는 점은 질소 함량이 비교적 높다는 사실이다. 커피콩을 볶는 과정에서 단백질이 대부분 파괴된 상태지만 그래도 그 구성성분은 아직 남아 있다. 볶기 과정의 또 다른 결과는 휴믹(humic)산이 방출된다는 점이다. 이 산은 토양에 가벼운 산화작용을 일으킨다.

커피 찌꺼기를 직접 토양 안에 넣어주어도 된다. 커피 찌꺼기를 뿌린 다음 식물 주위를 갈퀴로 직접 긁어주는 것이 가장 좋다. 커피는 이런 식으로 분해되어 좋은 퇴비가 된다. 날마다 커피를 우려 마신 후 곧장 정원으로 달려가 필터를 털어낼 생각이 없다면 커피 찌꺼기를 작은 통에 모아두면 된다. 하지만 이때 주의해야 할 점이 있다. 찌꺼기 덩어리가 너무 두툼하게 층이 지거나 습기가 차면 안 된다는 것이다. 그러면 곰팡이가 슬기 때문이다.

그밖에도 커피 찌꺼기를 저렴한 퇴비로 모으는 일은 다른 측면에서 생태적으로 도움이 된다. 커피를 여과지에 담고 거기에 뜨거운 물을 부어 우려내야 한다면, 디자이너가 제작한 전자동 커피추출기에 일회용 패드형 커피나 환경에 극도로 유해한 알루미늄 캡슐을 끼워 넣을 일이 없기 때문이다. 나는 오래전부터 손으로 직접 물을 부어 우려낸 커피가 더 맛있다고 생각해왔다. 이런 커피가 환경에까지 도움이 된다니, 맛 이외에 또 하나의 장점을 내놓을 수 있게 돼서 무척 기쁘다.

73

온실 속 앵초는 노지 앵초보다 추위에 더 약할까?

봄인데 좀 이상하다. 우리 정원에서는 일찍 꽃을 피우고 겨울을 잘 견디는 관목류, 예컨대 프리뮬러 베리스(야생 앵초), 금낭화 또는 제비꽃이 거의 싹을 틔우지 못하고 있는 반면, 가게에서는 똑같은 식물이 이미 꽃을 활짝 피워 판매용으로 나와 있으니 말이다. 용기를 내서 그걸 사 심으면 될까?

물론 그래도 된다. 나 역시 그렇게 한다. 그러나 주의해야 할 점이 있다. 동일한 품종, 예컨대 우리 정원에서 이미 자라고 있는 앵초나 봄에 개화하는 다른 여러 품종이라도 새로 심은 직후라면 정원에서 시간을 오래 보낸 식물과 똑같이 느긋하게 영하의 날씨를 견뎌내기를 기대해서는 안 된다는 것이다.

이유는 그 식물이 영하의 날씨를 알지 못하기 때문이다. 겨울 날씨에 대한 대비가 되어 있지 않다는 말이다. 어린 식물들은 당연히 온실에서 미리 재배된다. 그렇게 하지 않고서는 판매를 위한 때 이른 꽃을 얻기가 불가능하다. 앵초 종류는 영하의 날씨에 견딜 수 있도록 유전적으로 프로그램되어 있기는 하다. 그래도 휴식 상태에 있어야 하며 봄이 되어 빛의 양과 기온이 허락해야 비로소 싹을 틔운다. 온실은 적당히 따뜻한 기온에 맞춰져 있으며 비상시에는 조명도 제공된다. 온실 식물은 말하자면 '속아서' 싹을 틔우도록 인간에 의해 유도되는 것이다.

그렇다고 온실 식물이 꼭 노지 식물보다 품질이 떨어지는 것은 아니다. 우리들이 해야 할 일이란, 그런 식물을 사게 되면 추위에 얼

지 않도록 보호하는 것이다. 그리고 지나치게 많은 강우량에 노출되지 않도록 신경 써야 할 것이다. 때 이르게 급속히 성장하면 세포벽이 상대적으로 연약해져서, 노지에서 자기에게 맞는 속도로 자라는 식물보다 더 쉽게 꺾이기 때문이다. 나는 그런 조기 개화 품종을 종종 관상용으로 화분에 심곤 한다. 다년생 관목류는 내가 사는 독일 남서부 지역에서는 대략 4월부터, 그 외 독일 전 지역에서는 늦어도 5월 중순부터 정원에 심은 뒤 정성을 기울여 관리해주면 된다. 그러면 그 식물들은 여름이 지나 자리를 잡으며, 이듬해 봄에는 여러 해 묵은 다른 동일 품종과 똑같이 훌륭히 서 있게 된다. 물론 또다시 온실에서 새로 출하되는 제 남매들보다는 좀 더 늦게 꽃을 피울 테지만 말이다.

74

요즘 회양목은 왜 30년 전의 것보다 더 빨리 병에 걸릴까?

요즘 시중에서 파는 회양목(Buxus sempervirens. 서양회양목을 말한다_옮긴이)이 병에 약한 것은 다 우리 탓이다. 여러 세대 동안 회양목은 가꾸기 가장 수월한 식물의 하나로 여겨져 주로 성 주변 공원이나 농가 정원에서 흔히 볼 수 있었다. 그래서 오랫동안 구식이라 생각됐다.

그런데 농가 및 오두막의 정원이 르네상스를 맞이하면서 이런 인식에 변화가 찾아왔다. 그런 곳에서는 회양목이 이상적인 식물이다. 구조물 기능을 하는 데다 가지치기를 통해 모양도 만들 수 있는 산울타리기 때문이다. 그래서 갑자기 너나 할 것 없이 회양목을 심으려 했다. 수요 증가와 더불어 어떤 지갑도 감당할 수 있는 저가품도 함께 공급되었다. 어린 회양목 한 뿌리에 1유로에 불과하다. 그 정도면 돈에 구애받지 않고 마음대로 심을 수 있는 가격이다.

물론 가격표에 붙은 액수가 우리가 지불하는 값의 전부는 아니다. 정원을 가꾸는 우리가 1유로짜리 회양목을 심었을 때 치러야 할 대가가 남아 있다. 애초에 그 식물을 싼값에 제공하기 위해서는 대량

BVXVS

Buchßbaum.

재배를 해야만 했다. 그것도 기록적인 시간 내에 말이다. 회양목 묘목은 마치 공장에서 생산되듯 온실에서 온갖 현대적 식물 재배 기법을 통해 빠른 시간 내에 시각적으로 매력적인 상품이 되어 떠밀려 나왔다. 그래서 겉으로는 그럴싸해 보이지만 식물의 조직이 물러져 제대로 자란 식물에 비해 훨씬 더 약하다. 할아버지, 할머니 댁의 정원에서 볼 수 있는, 꺾꽂이한 가지가 여름 내내 시간을 넉넉히 갖고 뿌리를 형성함으로써 자라난 회양목과는 다른 것이다.

식물의 조직이 연약하면 해충이 꼬이는 법인데, 요즘 회양목에 바로 그런 일이 일어난 것이다. 해충의 압박은 점점 더 심각해졌고 확산되었다. 놀랄 일이 아니다. 저가의 회양목이 도처에 자리 잡고 있으니 말이다. 회양목명나방과 곰팡이에게 이런 회양목들은 그야말로 엘도라도였다. 더 나아가 이들은 재빠른 세대교체와 뛰어난 적응력 덕에 더 건강한 식물까지도 먹잇감으로 삼았다. 그렇게 옛 회양목들까지 쓰러지고 만 것이다. 이건 오로지 우리가 대량생산품을 말도 안 되는 싼값에 가지려 했기 때문에 생긴 일일 따름이다.

아직 건강한 회양목을 정원에 키우고 있는 사람들에게만 권할 수 있는 일이 있다. 그건 바로 직접 증식시키는 것이다. 새로 회양목을 살 일이 아니라는 말이다. 그럼에도 회양목을 심고 싶다는 이들에게는 해충 피해를 입었거나 혹은 피해가 의심되는 식물을 제외하고 정말 아무런 우려가 없는, 산지(産地)에서 나온 새 가지를 구해 스스로 키울 것을 권한다. 다행히 회양목 키우기는 정말로 쉽다.

75

우리 집 뜰의 토마토가 하우스에서 재배된 것보다 정말 더 맛있을까?

이건 대답하기 쉽지 않은 문제다. 왜냐하면 전에 욕을 많이 얻어먹은 하우스 재배 네덜란드 토마토가 일반적인 토마토의 향을 어느 정도 따라잡았기 때문이다. 그러니 이렇게 말해보자. 자기 마당에서 나는 가장 형편없는 토마토 품종이 맛에서는 슈퍼마켓에서 판매되는 최고 품질의 하우스 토마토와 비교할 만하다고 말이다.

맛이란 어떤 식물이 취하는 내용물을 통해 생겨난다. 하우스 재배에서 대개 그러하듯 이 식물이 보호막(자루 형태로 토마토 전체를 감싸준다_옮긴이)을 덮어쓰고서 적정량의 물과 영양용액을 공급받으면 향은 최소한만 만들어진다. 성숙한 토양에서는 상황이 다르다. 여기에서는 다른 내용물이 추가되기 때문이다.

그러나 가장 중요한 건 이게 아니다. 정원이나 정원 내 소형 하우스에서 길러지는 품종이 슈퍼마켓이나 할인매상에 내다 팔기 위해 전문적으로 재배되는 품종보다 훨씬 더 다양하다. 상품화될 수 있는 토마토는 맛이 좋아야 할 뿐 아니라 크기도 일정해야 하고, 열매도 넉넉히 달려야 하고, 운송할 때 문제가 발생하지 않도록 껍질도 튼튼해야 하며, 미완숙 상태에서 수확한 다음에 후숙이 잘 이루어져야 한다. 정원에서 키우는 토마토 또는 유기농 업체에서 판매하는 토마토에는 이러한 조건들이 요구되지 않는다. 익으면 그 자리에서 활용되거나 기나긴 운송 과정 없이 공급된다. 또 자급용 재배의 경우, 대가

토마토 맛의 선두 주자는?

방울토마토(Cherrytomaten): 크기는 작으며 유난히 달콤하고 향기롭다. 프리마베라(Primavera) 품종 같은 것은 씨앗으로 부모 종과 똑같은 특성의 자손을 생산할 수 있다. 카프레제(Caprese) 품종은 전구(電球) 모양이며, 롤리팝(Lollipop) 품종은 샐러드에 멋진 노란색을 더해준다.

달걀토마토(Eiertomaten): 타원형의 과육 모양 때문에 이런 이름이 붙었다. 꽤나 단단하며 향기가 강해 흔히 샐러드용으로 사용된다. 잘 알려진 품종으로는 산 마르자노(San Marzano)나 치갈론(Cigalon) 등이 있다.

과육토마토(Fleischtomaten): 크기가 거대하면서도 과육이 단단해 젤리같이 무른 부분이 별로 없다. 새콤한 맛이 강하다. 사람들이 선호하는 품종으로, 씨앗으로 부모 종과 똑같은 특성의 자손을 생산할 수 있는 브랜디와인(Brandywine), 마르망 드 페이(Marmande de Pays) 또는 옥센헤르츠(Ochsenherz) 같은 품종이 있다.

그 외에 언급할 만한 토마토 품종으로는 로트캡헨(Rotkäppchen), 세련된 줄무늬 디자인의 그린 제브라(Green Zebra), 오렌지 페이버릿(Orange Favorite) 등이 있는데, 모두 씨앗으로 부모 종과 똑같은 특성의 자손을 생산할 수 있다.

족을 먹여 살려야 하거나 케첩 공장을 운영하는 상황이 아니라면 수확물의 양이 얼마인지는 후순위다. 토마토 대여섯 그루만 심으면 식구가 많지 않은 가족이 7월부터 여름 내내 느긋하게 토마토를 즐길 수 있다.

그러나 가정에서 토마토를 심을 때는 대개 그것보다 더 많이 심는다. 다채로움을 즐기기 위해서다. 알이 작은 토마토, 큼직한 토마토, 과육이 많은 토마토를 함께 심기도 하고 달콤한 맛, 다소 시큼한 맛이 나는 토마토를 같이 기르기도 한다. 붉은색, 노란색, 줄무늬 있는 것 등 품종이 다채로워 토마토에도 발견할 게 무척 많다.

76

사과나무가 열매를 맺지 않는 것은 무슨 까닭일까?

보통은 이게 큰 걱정거리가 아니다. 대개는 열매가 열리지 않는 원인을 제거할 수 있다. 하지만 이럴 때 흔히 첫 번째 원인으로 꼽히는 냉해는 우리가 어찌할 수 없는 일이다. 사과나무에 열매가 열리지 않는다면 우선 봄, 즉 사과꽃이 필 무렵에 냉해를 입지는 않았는지 살펴보아야 한다. 영하의 날씨는 꽃을 망치기 때문이다. 안타깝지만 수정 가능한 흠결 없는 꽃이 있어야만 열매를 맺을 수 있다.

일반적인 사과 품종 또는 개별 사과 품종이 스스로 가루받이를 잘 못한다는 점도 또 다른 원인이 될 수 있다. 즉 자가수분이 어려워, 꽃가루를 제공하는 다른 품종의 나무가 있어서 벌이 그 나무의 꽃가루를 날라다 가루받이를 해주어야 한다는 뜻이다. 요행을 바라고 어떤 사과 품종을 수분용 나무(수분수)로 심거나 이웃집 사과나무가 이 역할을 해주리라 기대하는 것으론 부족하다. 사과 품종이 모두 타 품종을 통해 수분을 할 수 있는 것은 아니다. 'Pi'로 시작하는 이름의 대다수 품종, 이를테면 피노바(Pinova), 피로스(Piros) 또는 피칸트(Pikant)

등은 상호보완성이 적잖이 우수하다. 어떤 품종이 어떤 품종과 가루받이를 가장 잘할 수 있는지를 정리해놓은 상세한 목록이 있다. 관상용 사과도 마찬가지로 탁월한 가루받이 품종임이 증명되었다.

나무의 연령도 중요하다. 접본(접을 붙일 때 그 바탕이 되는 나무로 대목을 뜻한다)이 무엇이냐에 따라 그 나무는 비교적 일찍 수확 연령기에 들기도 하고 비교적 늦게 들기도 한다. 동일 품종은 원칙적으로 엄선된 야생종에 다양한 높이로 접붙여질 수 있다. 규칙이라고 할 만한 것은 나무의 키가 클수록 수확 연령이 늦게 시작된다는 사실이다. 때로는 무작정 기다려야 하는 경우도 있다.

한편 가지치기를 너무 강하게 하면(강전정이라고 한다_옮긴이) 열매가지 형성이 제약되거나 차단될 수 있다. 열매가지, 즉 결과지란 짧은 곁가지로 여기에 꽃을 다발로 피우거나 열매를 맺는다. 이 짧은 곁가지는 여러 해 묵은 결과모지(結果母枝)에서 싹터 나온다. 어린나무를 심으면서 종종 정원사들은 이 결과모지를 첫 몇 해에 너무 강하게 잘라버리는 실수를 범한다. 그러나 사과는 자주 꽃을 피우는 장미와 다르다. 2-3년에 한 번씩 이루어지는 정지(整枝. 가지고르기)나 전정(剪定. 세부 가지를 잘라 내거나 솎아주는 일)을 한 후에도 계속 강하게 가지치기를 하면 이 사과나무는 목질은 풍부하게 공급하지만 과일은 별로 공급해주지 못한다.

매년 똑같이 열매를 맺지 못하는 품종도 있다. 이는 유전적 요인에 의한 현상이다. 이런 품종은 전문용어로 '해갈이'라 불리는 경향을 보이며, 한 해씩 걸러 가며 많이 또는 조금씩 열매를 맺는다. 잘 알려진 해갈이 품종으로는 보스코프(Boskoop)나 콕스 오렌지(Cox Orange)가 있다. 이런 해갈이 현상을 그냥 받아들일 수도 있고 특정 가지치기를 통해 대응 조치를 취할 수도 있다.

당연한 얘기지만 심한 더위에 물 부족이나 영양 부족이 더해지면 열매가 익지 않은 상태에서 과도하게 떨어질 수 있다. 말하자면, 나무가 불필요한 것은 내버리고 생존에 필요한 자원을 지키는 데 안간힘을 쓰는 것이다.

77

식물도 사람 피부처럼 뜨거운 햇볕에 탈까?

물론 식물도 햇볕에 탄다. 그런 일이 일어나면 잘못은 정원사에게 있다. 그늘을 좋아하는 식물은 태양 아래에 있으면 안 된다. 해 드는 곳에 적응한 식물과는 달리, 잎에 햇볕에 대응할 수 있는 보호막이 없기 때문이다. 여기까지는 명쾌하다.

그러나 해를 좋아하는 식물이라도 지붕이 있는 겨울나기 장소에서 노지로 옮겨지거나, 실내에서 바깥의 햇살 아래로 나오게 되면 위험에 빠질 수 있다. 유리는 노지보다 햇살을 훨씬 덜 투과시킨다. 그래서 실내에서는 해를 갈구하는 식물의 잎이 전형적인 밀랍 막을 통한 보호를 그렇게 강력하게 필요로 하지 않는다. 유리와 같은 일종의 필터가 하나 더 생길 때마다 결국 잎이 광파를 흡수하는 능력은 그만큼 더 줄어든다. 그리고 창가에 있는 식물은 유리를 통과하는 그 얼마 안 되는 빛을 가능한 한 많이 흡수하려 한다. 말하자면 밀랍 막이라는 보호층을 없애버리는 것이다. 이런 까닭에 실내에 있던 모든 식물, 예컨대 키 작은 오렌지 나무(다음 페이지 그림 참조)는 구름 낀 날에만 실외에 내놓거나 좀 듬성듬성한 수관 아래 밝은 그늘에 두어야 하며, 긴급한 경우에는 그늘막이나 양산을 펴서 햇빛을 가려주어야 한다. 한 일주일이 지나면 새로운 환경에 적응하므로, 그때 해를 좋아하는 이 식물을 완전한 태양빛 속으로 옮겨주면 된다.

해가 쨍쨍한 날에 식물의 잎에 물방울이 맺히도록 물을 비처럼 뿌려주면 집광렌즈 효과가 나타날 수 있다. 즉 물방울이 햇빛을 모으는 효과를 낼 수 있는 것이다. 그런데 그런 식으로 물을 뿌려주는 것은 물방울의 효과가 어떻게 나타나든 상관없이 극도로 좋지 않다. 이 세상 그 어떤 식물도 해가 이글이글 내리쬐는 상황에서 차가운 물을 뒤집어쓰는 데 적응되어 있지 않다. 잘 알다시피 비는 햇살을 가려주

는 구름에서 떨어진다. 식물은 차가운 수돗물과 햇살이 넘실거리는 공기의 온도차를 별로 편안해하지 않는다. 일광욕을 즐기는 해변의 피서객이 누군가의 장난 탓에 물을 뒤집어쓰는 것을 별로 좋아하지 않듯이 말이다. 그러나 식물은 '으악' 하고 소리를 지르면서 그 고약한 존재를 뒤쫓는 게 아니라 그냥 말없이 고난을 감수한다.

다시 집광렌즈 효과로 되돌아가보자. 그냥 물뿌리개로 해가 쨍쨍할 때 식물 위에 물을 뿌려준다고 해서 식물이 물방울마다 점점이 화상을 입지는 않는다. 여름의 더운 날씨 속에서는 그 물이 비교적 신속히 증발해 물방울이 돋보기 역할을 할 새도 없이 사라져버리기 때문이다. 그러므로 햇빛이 드는 날씨에 식물에 물을 뿌려주려는 사람은 그 물이 빨리 마르도록 주의를 기울여야 한다. 햇빛이 쨍쨍할 때에 스프링클러를 작동시킨다면 상황은 달라진다. 집광렌즈, 즉 물방울이 더 오랫동안 작동하기 때문에 주의해야 한다.

좋은 방법은 해가 질 무렵에 물을 주는 것이다. 나에게는 이때가 정원에서 맞는 가장 멋진 순간이다. 물 주는 것 빼고는 하루 일과가 끝났으니, 이제 뭘 하든 상관없다. 나로서는 꽤나 예외적인 일이지만 스프링클러를 켜도 좋고, 땅에 물을 흘려보낼 호스를 각각의 밭에 갖다놓아도 좋다. 호스와 노즐을 들고 정원을 가로질러 걸어가도 되고 테라스에서 목말라하는 식물들에게 물을 주어도 된다. 거기에는 항상 느긋함, 화해, 명상과 같은 것이 있다. 그리고 분명한 사실은 정원이나 테라스가 주는 기쁨을 향유할 수 있는 시간은 날씨가 좋을 때라는 것이다. 비오는 궂은 날씨라면 물을 줄 필요도 없다. 당연하지 않은가.

78

왜 튤립은 정원에서 여러 해를 나기 어려운 것일까?

튤립의 원산지는 중동의 스텝기후 지역이다. 이곳에서는 흔히 아주 추운 겨울이 지나면 습하고 온화한 봄이 온다. 튤립은 이런 봄철에 싹을 틔우고, 자라고, 꽃 피우고, 증식한다. 오래된 알뿌리를 다 써버리고 완전히 새것으로 대체하며, 나아가 좀 더 많은 새끼 알뿌리를 만들어낸다. 그렇게 봄이 지나면 대개 매우 건조하고 뜨거운 날씨가 이어진다. 튤립은 잎에 있는 모든 활용 가능한 기초 성분을 분해해 이를 다시 알뿌리에 저장한다. 새싹이 시들면 이 식물은 알뿌리 형태로 건조한 토양 속에서 살아간다. 가을이 되어서야 비로소 이 알뿌리는 다시 뿌리를 형성해 겨울을 나고 다가오는 봄을 위한 준비를 한다.

여기까지는 코카서스의 야생 튤립의 이야기다. 우리의 정원에서는 상황이 완전히 다르며, 이로 인해 튤립은 만만찮은 삶을 살게 된다. 튤립은 봄철에는 습한 것을 좋아하지만 여름에는 건조한 토양을 선호한다. 그런데 양토질(점토가 25~37.5퍼센트 함유된 흙으로 배수, 보수력, 통기성이 좋다_옮긴이) 토양이나 부식토가 풍부하고 비옥한 채소밭 상층부는 너무 많은 수분을 함유하고 있다. 이런 환경에서는 곰팡이 피해가 예정된 것이나 마찬가지다. 네덜란드에 널리 분포하는 사질토만이 충분한 물 빠짐을 보장한다.

큰 꽃을 피우는 개량종 튤립은 많은 영양분이 필요하다. 그래야 꽃을 피울 수 있는 알뿌리를 다시 만들어낼 수 있다. 그런데 수많은 정원사가 이를 간과해 꽃 피기 전, 꽃 핀 동안 그리고 꽃 피운 후에

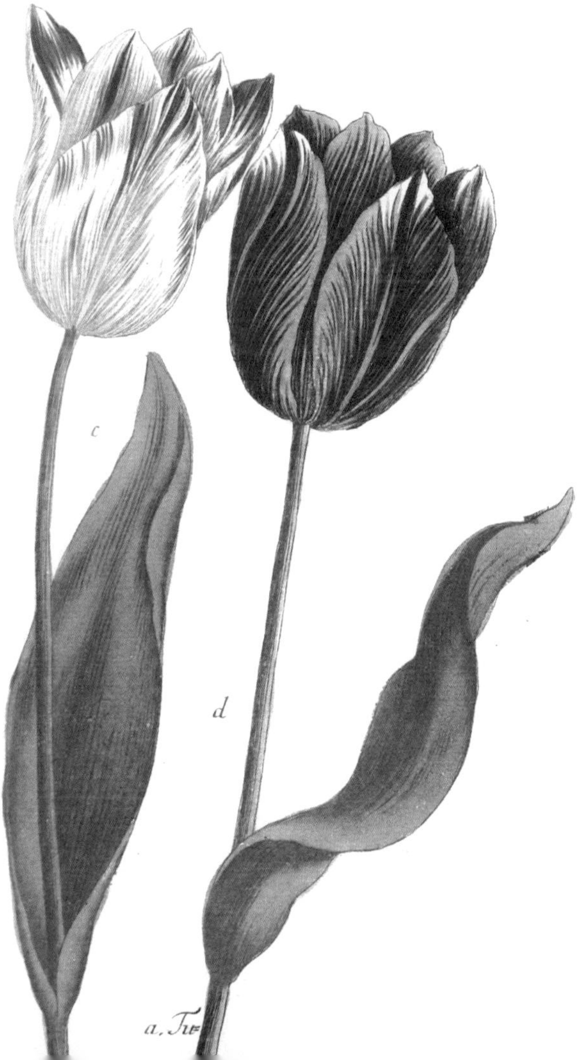

액비 주는 것을 소홀히 한다.

튤립의 잎은 영양분을 저장하는 중요한 곳이라 색이 완전히 누렇게 되어 저절로 잎이 떨어질 정도가 될 때까지 건드리지 말아야 한다. 그런 상태로 정원에 있으면 별로 아름다워 보이지는 않는다. 그래서 정원 주인은 그 잎을 너무 일찍 잘라버리기도 한다. 그러면 튤립으로서는 마지막 영양분을 잃어버리는 셈이 된다. 그러니 누렇게 변하는 튤립 잎은 다른 잎과 꽃으로 된 '사랑의 외투'로 덮어주는 것이 좋다. 예컨대 초롱꽃, 꽃잔디, 꽃냉이 같은 방석식물(가지나 줄기가 밀생해 조밀하고 견고한 단괴상이 되는 식물. 증산 속도가 낮고 수분 유지도 잘되기 때문에 건조지에서 살기에 유리하며, 저온이나 강풍에 대한 저항성도 크다_옮긴이)과 금어초, 백일홍, 코스모스 같은 여름꽃에게 이 일을 맡기면 된다.

사람들이 가장 선호하는 봄꽃인 튤립을 키우는 일이 이렇게 까다로울 수 있다는 데 조금 놀랄지도 모른다. 하지만 가능하다면 아름다운 암석원(고산식물과 건조기후에 잘 견디는 식물을 심은, 돌과 자갈로 만든 정원_옮긴이)을 꾸며 거기에 진짜 매혹적인 야생 튤립을 해가 정면으로 드는 곳에 심어보시라. 정말 매혹적일 것이다.

79

화분에서 키우기 가장 적합한 식물은 뭘까?

화분에서 가장 잘 자라는 식물을 구하는 광고를 낸다면 거기에는 아마 다음과 같은 조건이 들어 있을 것이다.

- 스트레스에 잘 견뎌야 하며 이따금 건조함도 견딜 수 있어야 한다.
- 뿌리가 번성할 수 있는 공간이 별로 없어도 만족할 줄 알아야 한다.
- 빽빽하게 자라면서 머리가 아래로 축 처져서는 안 된다.
- 각각의 개별 공간, 예컨대 해가 드는 테라스, 그늘진 테라스, 밝은 방, 어두운 방 안에서 각각의 빛의 상황에 적응해야 한다.
- 먹을 영양분이 충분하지 않아도 거기에 탄력적으로 대처할 수 있어야 한다.
- 항상 단아한 모습으로 보는 이를 열광시켜야 한다.
- 제 자손 만들기에 정신이 팔려서는 안 된다.

• 균형 잡힌 외형을 보여주어야 한다.

• 다른 식물과 잘 어우러질 수 있어야 하며, 장식품, 시설, 가구와 같은 비(非)식물과도 조화를 이루어야 한다.

• 해충을 스스로 몰아낼 수 있으면 가장 좋다.

• 철인과 같은 건강을 지녀야 한다.

따라서 사람으로 치자면, 채용 담당자는 이런 조건에 맞는 화분용 식물을 최우수 인재라고 여길 것이다. 조건을 충족하면 누구든 기꺼이 채용할 거라는 말이다. 놀랍게도 그런 식물은 엄청나게 많으니, 채용을 하는 데는 아무런 문제가 없을 것이다.

그러나 좋은 사장님이라면 면접을 통해 구직 후보를 가능한 한 정확히 파악해서 그 녹색 친구가 갖고 있는 몇 가지 바람을 들어줄 필요가 있다. 가장 중요한 것은 그 친구에게 양질의 흙, 적절한 크기의 화분, 물, 비료 및 돌봄이라는 형태의 믿음직한 급여를 제공하는 일이다. 그리고 채용된 식물이 해충, 고인 물 또는 그와 비슷한 무언가에 괴롭힘을 당하면 제발 적극적으로 개입해주기 바란다. 이따금 고용주의 우수한 지도력이 절실하게 필요할 때가 있으니까 말이다.

80

화분 속의 흙은 왜 시간이 갈수록 점점 줄어들까?

원칙적으로 화분 식물의 기질(基質. 화분의 경우 원칙적으로는 '흙'이라고 하지 않는다)에는 성숙한 토양과 동일한 규칙이 적용된다. 여기저기에 미생물들이 숨어 살면서 유기물을 분해하고 개조하는 것이다. 물론 화분 속이라 그리 강력하게 작용하지는 않지만 말이다. 새로 쌓아올린 두엄더미를 더 쌓아올리지 않고 그대로 두었다가 반 년 뒤에 남은 것과 비교해본 사람이라면 유기물 덩어리가 분해되면서 주저앉는다는 사실을 알 것이다. 먼저 부피가 줄어든다. 물질 사이의 공간과 공극이 작아지기 때문이다. 또 식물을 구성하는 물질 및 그 세포 내부에 있는 폐쇄된 아주 작은 빈 공간이 시간이 흐르면서 대체로 사라진다.

일반적으로 판매되는 여러 기질에는 매우 큰 차이가 있다. 가장 중요한 차이는 공극이 얼마나 안정적으로 장기간 유지되는가 하는 데서 확인된다. 뭐가 들어 있는지 모를 '깜짝 봉지' 속의 저가 기질에 비해 고급 '흙'은 오랫동안 그 폭신함을 유지한다. 화분에 넣을 흙을 사려고 할 때는 저가의 흙은 아주 빨리 주저앉아버린다는 것을 고려

하기 바란다.

양질의 제품을 사용한다면 계속적으로 진행되는 부피 감소에 별로 신경 쓰지 않아도 된다. 실내와 테라스 식물의 경우 대개 일 년을 주기로 보므로, 봄이 오면 많은 식물을 새로 옮겨 심어주어야 한다. 관리가 잘 이루어지면 기존의 화분이 감당을 못 할 정도로 식물이 크게 자라나기 때문이다. 아울러 그렇게 분갈이를 하면 흙이 줄어드는 것도 바로잡아진다. 여러 해 동안 식물을 비교적 큰 화분에 키우는데 흙의 감소가 느껴진다면 그냥 좋은 기질을 채워주면 된다.

화분의 기질이 줄어들면 영양분도 다 소모된다는 생각이 들 수 있다. 화분 속에서 자라는 식물은 초반만큼은 정원의 토양에서 자랄 때보다 더 많이 충분한 거름을 공급받는다. 일반적으로 유통되는 대

다수 기질은 이미 거름이 주어져 있기 때문이다. 하지만 효과가 보증되는 6주의 기간이 지나면 저장고가 텅 비고 만다는 것을 사람들은 너무 자주 까먹는다. 나 역시 그런 정신없는 사람 중 하나다. 우리의 무신경함으로 인해 성장이 둔해지는 현상을 겪게 된다면 식물로서는 고통스러운 일일 것이다. 다행히 갑작스런 굶주림을 막아줄 액비도 있고, 더 오랫동안 배부르게 만들어주는 영양분의 보급 일정을 담은 달력도 있다.

많은 사람들이 정원의 흙을 실내 식물을 위해 사용해도 되는지 궁금해한다. 이건 별로 권할 만한 일이 아니다. 절대적으로 해서는 안 될 절약이다. 정원의 흙은 시중에서 파는 기질보다 훨씬 더 빨리 그 폭신함을 잃어버린다. 이에 더하여 토양의 종류에 따라서는 정원에서 없던 단점이 작은 화분 속에서 나타나기도 한다. 점토는 저절로 푹신해지지 않고, 모래흙은 화분에서도 영양분을 제대로 유지하지 못하며, 두엄더미조차도 남모르는 결함을 지니고 있다. 대개 두엄더미는 질소를 매우 많이 함유하고 있는데, 모든 실내용 식물이 그런 강력한 영양분을 필요로 하는 것은 아니다. 게다가 정원의 흙과 두엄더미에는 잡초의 씨앗은 물론 토양 동물도 숨어 있다. 정원에서는 일상적이며 아무런 문제가 없는 것이 실내에서는 짜증거리가 되고 만다.

그러니 정원의 토양은 차라리 그냥 원래 있던 자리에 내버려두고 방, 발코니 또는 테라스 식물용으로 적합한 기질을 구입하는 게 좋다. 그러면 식물은 훨씬 느긋하게 자랄 것이다. 여러분은 많은 쓸데없는 수고를 줄일 수 있을 테고 말이다.

81

실내용 식물을 어두운 구석에 둬도 될까?

빛과 식물이라는 주제에 대해서는 이미 가장 중요한 점을 앞서 다룬 바 있다(CHAPTER 1-11. 식물은 빛이 없어도 자랄 수 있을까?). 여기서는 식물의 활용과 빛의 관계에 대해 얘기하려 한다.

어떤 경우든 주거 공간 내부에는 많은 빈자리가 있고, 그곳에서 식물을 지속적으로 기를 수 있다. 식물과 우리 인간 양측의 기쁨을 위해서 말이다. 그러나 이런 배치는 그 식물이 필요로 하는 빛을 제공할 수 있는지 고려할 때에만 의미가 있을 것이다.

식물이 빛을 충분히 얻으려면 화분을 볕이 드는 자리에 놓아야 한다. 어두운 구석이라도 우리 기준에서는 빛이 충분하다고 느낄 수 있지만, 우리는 그 빛을 먹고살 필요가 없다는 점을 기억해야 한다. 식물이 너무 어두운 곳에 있다는 것은 마치 우리 인간이 목이 졸려 공기를 제대로 마시지 못하는 상태와 같다. 다만 식물이 죽는 데는 비교적 오랜 시간이 걸리며, 가장 끈질긴 축에 드는 식물이라면 그 상태로도 아주 오래 버틴다. 이러저러한 식물이, 예컨대 창문과 서가 사이의 빈자리에 딱 어울리는 장식이 될 것 같다는 이유만으로 그 식물을 죽이는 일은 제발 없었으면 한다. 그렇게 공간을 꾸미려는 생각을 도저히 머리에서 떨쳐낼 수 없는데 자연적인 빛 공급을 해줄 수 없는 상황이라면 인공으로라도 조명을 마련해주어야 한다. 그것도 식물용 특수 조명으로 말이다. 그런 조명에서 나오는 빛은 식물이 살아가는 데 필수적인 파장을 발산하므로 광합성에 쓰일 수 있다. 우리 눈에 충분히 밝은 빛을 내뿜는 보통의 전구도 식물에게는 거의 무용지물이다.

요즘에는 빛이 안 드는 집 한 귀퉁이를 인공 식물로 푸르게 꾸미는 사람도 있다. 나는 그런 걸 공급하는 사람들의 논리를 잘 알고 있다. 예컨대 플라스틱 나무가 3차원 식물 그림과 비슷하다고 말함으로써 그런 인테리어를 합리화하려는 것이다. 그러나 속임수는 속임수일 뿐이다. 식물이 '더 진짜처럼' 보일수록 그만큼 더 기만적인 것이다. 그런 것으로 정말 자신을 속일 수 있을까? 아니면 손님들을 속일 수 있을까? 그럴 수 없다. 이런 이유로 나는 숲이나 정원의 모습을 담은 사진 벽지도 별로 좋아하지 않는다. 그런 벽지도 집을 꾸미는 것보다는 차라리 그림을 거는 편이 훨씬 낫다. 그림을 보면 즉각 그것을 그림이라고 인식하기 때문이다. 꽃을 모티브로 한 벽지도 마찬가지다. 이런 것들은 아무도 속이지 않으며, 오히려 그 주제를 유희적, 심미적으로 표현한 것이다. 어쨌든 내게는 사랑스런 꽃이 사방에 널려 있는 무늬가 그리 대단치 않게 보이고, 장미를 추상화하여 그린 무늬도 별로 내 취향에 맞지 않는다. 그래서 열대식물인 메꽃, 시계꽃 등속을 그린 거대한 그림 쪽으로 결정했다. 마리아 지빌라 메리안(Maria Sibylla Merian. 독일 예술가로 정원의 식물과 나비 등을 관찰하여 많은 그림 및 판화작품을 남겼다_옮긴이)의 채색 동판화를 떠올리게 하는 그림이다. 아주 정교한 플라스틱 나무도 내게는 '쫓겨나 뒷골목이나 돌아다니는 너저분한 인간'이 생기 넘치는 무용단 옆에 서 있는 것 같은 느낌이니, 그림을 선택하는 수밖에.

82

화분 식물을 겨울에 실온에 두면 안 되는 까닭은?

실온에서 겨울을 나게 해도 좋은 화분 식물은 극소수의 품종뿐이다. 지중해권이나 아열대 원산의 식물이 매번 겨울나기를 한다는 것은 하나의 타협으로, 이들을 영하의 날씨에 얼어 죽도록 내버려두지 않으려고 실내로 들여온다면 반드시 온도와 빛에 주의를 기울여야 한다.

이런 식물들이 여름철에 따뜻한, 아니 알을 품어도 될 정도로 더운 온도를 큰 어려움 없이 이겨내는 것은 햇빛 또한 최대치로 받아들이기 때문이다. 그러나 겨울에는 섭씨 20도 정도의 온도조차도 너무 높다. 이 구석 저 구석에서 오는 빛을 다 끌어모아도 부족하기 때문이다. 빛의 강도뿐 아니라 하루 중 빛이 비치는 시간도 부족하다. 빛과 온도라는 요소는 식물의 생장을 결정적으로 규정하며, 서로 조율되어야만 하는 것이다. 해 드는 곳에서 잘 자라는 양지 식물(호광성 식물이라고도 한다_옮긴이)이 햇빛을 너무 적게 받는다면, 열로 이 식물을 자극하여 싹을 틔우게 해서는 안 된다. 물론 열을 가하면 싹이 형성되기는 하지만, 이 싹에는 길고 연약하고 얇고 창백하고 보통 때와는 달리 서로 멀찌감치 떨어진 작은 잎들이 달린다. 이는 어딘가에 숨어 있는 해충을 불러들이는 일과 같다. 여기에다 난방장치를 통해 상당히 건조해진 공기까지 가세하면 가루깍지벌레, 깍지진디 또는 응애의 확산이 촉진된다.

그러므로 다시 빛이 충분히 들 때, 이를테면 대개 2월 중순 또는 말까지는 이들 식물이 휴식을 취하며 끝까지 견뎌내도록 하는 전략을 써야 한다. 겨울나는 곳은 어두울수록 서늘해야 한다. 집에서는 현관 같은 곳이 좋다. 아니면 사용하지 않는 손님용 방의 빛이 드는 곳도 괜찮다. 난방장치는 가동하지 않아도 된다. 수은주가 섭씨 12~15도를 크게 넘어서면 안 된다는 말이다.

그런 자리를 도저히 마련할 수 없다면 식물을 고를 때 새로운 시도를 해보아야 한다. 이 경우 적합한 식물로는, 예컨대 화분에서 아주 잘 크는, 열대 및 아열대 원산의 알뿌리식물과 덩이줄기식물 같은 것이 있다. 달리아, 산부채, 문주란, 인디언칸나, 유코미스(파인애플릴리, 파인애플꽃이라고도 한다_옮긴이), 글로리오사 수페르바 등의 식물은 환상적인 꽃을 오랫동안 피운다. 첫 영하의 날씨가 오기 전에 이 식물들의 번식기관인 알뿌리 등을 운반하기 쉽게 잘라 지하실 같은 곳에 차곡차곡 쌓아두도록 한다. 이걸 다시 싹 틔우는 일은 이듬해 봄에 하면 된다. 천천히 자라는 종류, 예컨대 인디언칸나 같은 것은 일찌감치 2월부터 창턱에 내놓아도 되고, 다른 대다수 품종은 4월 말부터 화분에 심어 곧장 바깥에 내놓는 것으로 충분하다.

내가 시계꽃에 열광하는 또 한 가지 이유는, 겨울에도 이 식물을 돌보는 일이 그렇게 까다롭지 않기 때문이다. 붉은색과 자주색 꽃을 피우는 수많은 시계꽃 품종들, 예컨대 저 훌륭한 애미시스트 같은 것은 말할 나위 없이 왕성한 덩굴성 화분 식물로, 겨울이라고 꼭 서늘한 곳에 둘 필요가 없다. 이 꽃은 밝은 창가의 난초 사이에서도 잘 견딘다. 생장이 그리 빠르지 않고 잎도 좀 떨구는 편이지만 식물 자체는 살아남는다. 봄에는 어차피 크게 가지치기를 해주어야 한다. 그래야 새싹이 위로 감고 올라갈 수 있다. 그런 다음 커다랗고 멋진 화분에 좋은 흙을 넣어 심으면 모든 준비는 끝난다. 이 식물은 기록적인 시간 안에 다시 예전과 같이 우리를 매료시킬 것이다.

실은 나도 식물이 알고 싶었어

초판 1쇄 발행 2020년 2월 7일
초판 3쇄 발행 2022년 9월 20일

지은이 안드레아스 바를라게
옮긴이 류동수
펴낸이 이범상
펴낸곳 (주)비전비엔피 · 애플북스

기획 편집 이경원 차재호 김승희 김연희 고연경 박성아 최유진 김태은 박승연
디자인 최원영 한우리
마케팅 이성호 이병준
전자책 김성화 김희정
관리 이다정

주소 우) 04034 서울특별시 마포구 잔다리로7길 12 (서교동)
전화 02) 338-2411 | **팩스** 02) 338-2413
홈페이지 www.visionbp.co.kr
인스타그램 www.instagram.com/visionbnp
포스트 post.naver.com/visioncorea
이메일 visioncorea@naver.com
원고투고 editor@visionbp.co.kr

등록번호 제313-2007-000012호

ISBN 979-11-90147-12-5 03480

- 값은 뒤표지에 있습니다.
- 잘못된 책은 구입하신 서점에서 바꿔드립니다.